WERKSTATTBÜCHER
FÜR BETRIEBSBEAMTE, KONSTRUKTEURE U. FACHARBEITER
HERAUSGEGEBEN VON DR.-ING. H. HAAKE VDI

Jedes Heft 50—70 Seiten stark, mit zahlreichen Textabbildungen
Preis: RM 2.— oder, wenn vor dem 1. Juli 1931 erschienen, RM 1.80 (10% Notnachlaß)
Bei Bezug von wenigstens 25 beliebigen Heften je RM 1.50

Die Werkstattbücher behandeln das Gesamtgebiet der Werkstattstechnik in kurzen selbständigen Einzeldarstellungen; anerkannte Fachleute und tüchtige Praktiker bieten hier das Beste aus ihrem Arbeitsfeld, um ihre Fachgenossen schnell und gründlich in die Betriebspraxis einzuführen.

Die Werkstattbücher stehen wissenschaftlich und betriebstechnisch auf der Höhe, sind dabei aber im besten Sinne gemeinverständlich, so daß alle im Betrieb und auch im Büro Tätigen, vom vorwärtsstrebenden Facharbeiter bis zum leitenden Ingenieur, Nutzen aus ihnen ziehen können.

Indem die Sammlung so den einzelnen zu fördern sucht, wird sie dem Betrieb als Ganzem nutzen und damit auch der deutschen technischen Arbeit im Wettbewerb der Völker.

Einteilung der bisher erschienenen Hefte nach Fachgebieten

(Fortsetzung 3. Umschlagseite)

WERKSTATTBÜCHER
FÜR BETRIEBSBEAMTE, KONSTRUKTEURE UND FACH-
ARBEITER. HERAUSGEBER DR.-ING. H. HAAKE VDI
===== HEFT 26 =====

Innenräumen

Anwendung, Konstruktion und Herstellung der Räumnadeln. Fehler beim Räumen

Von

Leonhard Knoll VDI

Beratender Ingenieur im NSBDT
Eisenach

Zweite, erweiterte Auflage
des bisher unter dem Titel „Räumen" erschienenen Heftes
(8. bis 14. Tausend)

Mit 142 Abbildungen im Text

Springer-Verlag Berlin Heidelberg GmbH

1942

Inhaltsverzeichnis.

ISBN 978-3-662-41967-0   ISBN 978-3-662-42025-6 (eBook)
DOI 10.1007/978-3-662-42025-6

Einleitung.

Räumen ist ursprünglich das Verfahren, durchgehenden Bohrungen durch Spanabheben eine bestimmte Form zu geben. Neuerdings werden jedoch auch Außenflächen[1] geräumt, wie z. B. Paßflächen und andere Werkstückstellen, die sonst durch Fräsen, Hobeln und Stoßen bearbeitbar sind. Das Räumen hat große Verbreitung gefunden, denn die Arbeitsverfahren, die es ersetzt, waren teils wegen der Werkzeuge, teils wegen der aufzuwendenden Bearbeitungszeit sehr teuer und zeitraubend. Die Vorteile der Formlöcher, wie z. B. Vielkant- und Mehrnutenlöcher, wurden auch deshalb wenig ausgenutzt, weil die Genauigkeit der alten Arbeitsverfahren viel zu wünschen übrigließ. Formlöcher wurden mit wenigen Ausnahmen auf der Stoßmaschine hergestellt, mit Zustellung des Spanes von Hand. Die Form war meist von der Genauigkeit des Anrisses abhängig und bedurfte einer Nacharbeit unter der Dornpresse, die als letzten Arbeitsgang einen oder mehrere verzahnte Dorne hindurchdrücken mußte. Bestenfalls wurden Bohrungen bestimmter Form auf selbsttätigen Maschinen gestoßen, dann aber meist immer noch unter einer Dornpresse nachbehandelt.

Die Genauigkeit und Sauberkeit der durch Räumen hergestellten Löcher gegenüber den nach alten Verfahren bearbeiteten ist in der Hauptsache durch die grundverschiedene Anordnung des Kraftangriffes am Werkzeug bedingt. Es ist eine altbekannte Tatsache, daß eine Bearbeitung unter Beanspruchung des Werkzeuges auf Zug bei sonst gleichen Verhältnissen besser ist als eine solche auf Druck.

Weiterhin ist der Fortfall meist jeglicher Aufspannung des Werkstückes der Einführung des Räumverfahrens sehr förderlich. Das Arbeitsstück wird nicht festgespannt, in den meisten Fällen noch nicht einmal durch ein besonderes Hilfsmittel zentriert. Das Werkzeug selbst besorgt hier die Befestigung des Werkstückes, sofern nur die Vorarbeiten an diesem richtig ausgeführt sind. Diese Vorarbeiten beschränken sich auf die Anordnung einer zur Bohrung senkrecht stehenden Fläche, z. B. Bohrung und Anlagefläche eines Flansches, der auch sonst bearbeitet werden müßte.

Das vorliegende Heft[2] soll ein Wegweiser sein: es soll die vielfach über Räumen bestehenden Fragen beantworten und aufklärend wirken. Zur Anfertigung der Räumwerkzeuge gehört große Erfahrung; so einfach die Werkzeuge erscheinen mögen, so ist doch bei ihrer Herstellung viel Sorgfalt zu verwenden, denn nur bei gründlicher Kenntnis und ausgezeichneten Einrichtungen können wirklich einwandfreie Werkzeuge geschaffen werden.

Die Bedienung der Räummaschine und das Arbeiten mit Räumnadeln selbst ist sehr einfach, in den meisten Fällen von einem angelernten Arbeiter ausführbar, so daß auch hierdurch Ersparnisse möglich sind. Es lassen sich unter günstigen Umständen ohne Nachschärfen der Nadel Tausende von Werkstücken bearbeiten, wenn auch nicht verkannt werden soll, daß unsachgemäße Behandlung eine Räumnadel schnell verderben kann.

Durch Normung der Formlöcher ist es möglich, Räumnadeln auch für Herstellung geringer Anzahl Werkstücke gut auszunutzen.

---

[1] Vgl. Werkstattbuch Heft 80: SCHATZ: Außenräumen.
[2] Die erste Auflage ist 1926 erschienen.

Aus all diesen Gründen ist der Siegeszug der Räumnadel möglich gewesen, und es ist zu wünschen, daß die Anwendung des Räumverfahrens immer weitere Kreise zieht. Für eine gut eingerichtete Räumnadelfirma gibt es heute praktisch keine Schwierigkeiten mehr, wenn auch das letzte Wort in der Räumungsfrage noch nicht gesprochen ist.

Besonderen Dank den nachstehend verzeichneten Sonderfirmen, die den Verfasser durch Überlassung von Unterlagen unterstützten:

Oswald Forst G. m. b. H., Maschinenfabrik, Solingen. Generalvertrieb A. H. Schütte, Köln.

Dolze und Slotta, Coswig in Sachsen.

Elbe-Werke AG., Dresden A 36.

I. Der Vorgang des Innenräumens.

A. Anwendung der Räumnadel.

1. Anwendungsgebiete. Das Anwendungsgebiet der Räumnadel streng zu umreißen ist nicht gut möglich; es müßte schon auf die Verwendungsmöglichkeit der einzelnen Formlöcher eingegangen werden, wenn diese Frage eingehend beantwortet werden sollte. Als Formlöcher kommen in Betracht: Vielkant- und Mehrnutenlöcher, Rundlöcher oder Löcher von beliebiger Form.

Für das Räumverfahren sind besonders in der Automobilindustrie eine ganze Anzahl Möglichkeiten, z. B. am Wechselgetriebe, an der Hinterachse, besonders auch für Pleuelstangen und viele mehr, geschaffen worden. Die Kerbverzahnung für Autoräder wird nur noch mittels Räumnadel hergestellt. Dem Motorenbau ist eine neue Bearbeitungsart gegeben, indem die Bohrungen der Zylinder rund geräumt werden. In der Elektrotechnik gibt es eine Menge Möglichkeiten der Anwendung, z. B. die Statorkörper der Motoren, Telephonteile, Rundfunkteile und mehr. Ferner kommt das Räumen in Betracht im Werkzeugmaschinenbau (für Wechselräder-Schiebeverbindungen), im Schiffsmaschinenbau, im Werkzeugbau und auch im Rechen- und Schreibmaschinenbau. Bei landwirtschaftlichen Maschinen, Haushaltungsmaschinen und Hebezeugen gibt es verschiedene Formlöcher, die bei den teilweise großen Serien wirtschaftlich geräumt werden können. Aus der optischen Industrie, ebenso aus der Webstuhl- und Spinnmaschinenfabrikation lassen sich eine Menge Beispiele anführen. Auch in der Waffenindustrie und in der Geschoßfabrikation werden Räumnadeln viel angewendet.

Die Räumnadel kann überall da angewendet werden, wo neben Sauberkeit der bearbeiteten Oberfläche auf mehr oder weniger größte Genauigkeit der Werkstücke untereinander Wert gelegt wird. Dabei ist weniger von Bedeutung, welche Form und Abmessung die Bohrung hat. Sogar als Ersatz für die Bearbeitung durch Reibahle wird das Räumverfahren auch auf runde Löcher angewendet. Die Länge der Bohrung spielt nur insofern eine Rolle, als für eine bestimmte Räumnadel die zulässige Lochlänge nicht über- noch unterschritten werden darf. Eine Änderung des Werkstoffes des Arbeitsstückes ist nur bedingt zulässig, denn für verschiedene Werkstoffe sind verschiedene Schneidenwinkel der Zähne notwendig. Deshalb ist hier besondere Vorsicht am Platze.

2. Anwendungsbeispiele. Als bekanntestes Beispiel ist das Räumen einer Keilnute zu nennen. Keilnuten wurden meist und werden noch viel nach Lehre auf der Stoßmaschine bearbeitet. Hierbei muß das Werkstück durch Spanneisen festgespannt und ausgerichtet werden. Genauer wird die Bearbeitung schon auf der Keilnutenziehmaschine mit Ziehkolben bei selbsttätiger Spanzustellung. Die

Arbeit des Nutenräumens auf der Räummaschine aber bringt neben der Genauigkeit auch noch bedeutende Zeitersparnis, weil eben die Nadel in einigen Sekunden durchläuft und die Nute meist in einem Zuge fertigstellt. Dabei erübrigt sich jede Nacharbeit mit Feile oder anderen Werkzeugen.

In Abb. 1 sind die am häufigsten vorkommenden Formen wiedergegeben. Die Bohrungen *a*, *b*, *c* werden hauptsächlich mit einfacher Nutennadel und erforderlichenfalls in einer Teilvorrichtung geräumt, auch die Bohrungen *d* und *e* können noch mit einfacher Nadel bearbeitet werden. Dagegen sind die Löcher *n* und *o* schneller mittels Mehrnutennadel herzustellen, ebenso auch schon die Form *c*. Die Formlöcher *c*, *n*, *o* sind besonders für Schiebeverbindungen geeignet, so auch die Ausführung der Bohrungen *f* und *i*, die durch Formnadeln in einem bzw. zwei Zügen

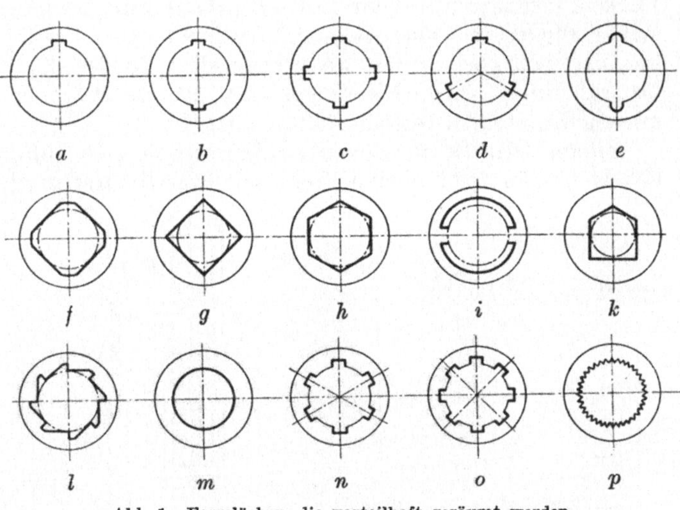

Abb. 1. Formlöcher, die vorteilhaft geräumt werden.

fertiggestellt werden. Die Formen *g* und *h* sind für Steckschlüssel u. dgl. anwendbar. Die Anordnung von Nuten nach *d* in Lagern bezweckt eine gute Befestigung des Lagermetalles. Die Verzahnung *l* ist für Sperräder, die Verzahnung *p* ist eine sichere Schiebeverbindung.

Die nachfolgenden Abbildungen geben Beispiele aus bestimmten Verwendungsgebieten. Abb. 2 zeigt Arbeitsbeispiele aus dem Automobil-und Motorenbau: das Getrieberad *a* ist hier mit einer viermal genuteten Bohrung versehen; das Loch ist auf der Bohrmaschine vorgebohrt und auf der Drehbank auf Schleif

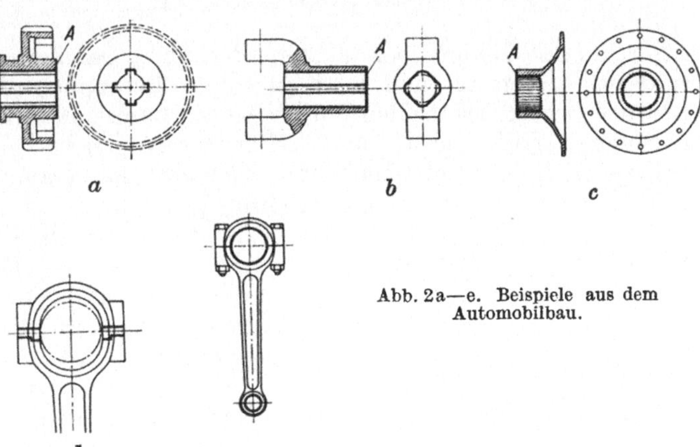

Abb. 2a—e. Beispiele aus dem Automobilbau.

maß vorgearbeitet. Im selben Arbeitsgang ist die Fläche *A* plangedreht, so daß sie beim Räumen als Anlage dienen kann. Nach dem Räumen wird das Rad auf einen Dorn gesteckt und fertiggedreht. Die Bohrung wird dann lehrenhaltig rundgeschliffen oder auch in einem besonderen Arbeitsgang rundgeräumt. Das Kardangelenk *b* ist in derselben Weise vorgearbeitet; auch hier ist eine zur Bohrung senkrechte Fläche *A* durch Abdrehen in einer Aufspannung geschaffen. Eine

solche senkrechte Fläche muß bei allen Arbeitsstücken vorhanden sein, damit
das Ergebnis des Räumens einwandfrei ausfällt. Die Radnabe c wird mit Kerbverzahnung versehen und ebenso vorgearbeitet; fertigbearbeitet wird jedesmal
nach dem Räumen. Der Kopf der Pleuelstange des Automobilmotors muß zum
Aufbringen auf die Kurbelwelle geteilt werden. Eine Trennadel ist hier sehr von
Vorteil. Der Paßrand wird dabei gleich mit hergestellt; der Gegenpaßrand des
Deckels wird durch Außenräumen bearbeitet und nach dem Bohren der Schrauben-
löcher wieder mit dem zugehörigen Pleuel verschraubt. Die Pleuelstange wird
in einer Bohrvorrichtung weiterbearbeitet, in der die Kurbel- und Bolzenaugen
bis auf 1 mm Untermaß vorgebohrt, um hierauf nach Abb. 2e durch Räumen
mittels Rundnadel fertiggestellt zu werden.

Einige Beispiele aus dem Maschinenbau gibt Abb. 3. Die Bohrung des Stell-
hebels a ist in der üblichen Weise mit Spiralbohrer vorgebohrt und die eine Stirnseite mit Zapfensenker abgesenkt. Hierauf wird durch Vierkantnadel die Form des Loches geräumt. Die Kurbel b ist in derselben Weise vorgearbei-tet: Die Fläche A ist durch Zapfensenker ab-
geflacht und beim Räu-men als Anlagefläche benutzt worden. Um das Maul des Schrau-
benschlüssels zu räu-men, bedarf es einer einfachen Vorrichtung.

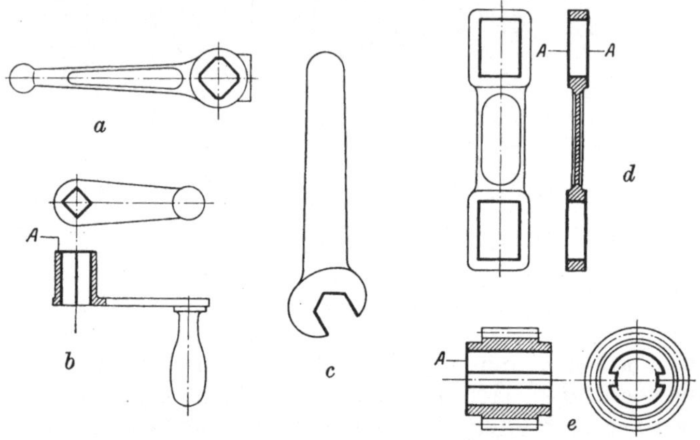

Abb. 3a—e. Beispiele aus dem Maschinenbau.

Eine Vorbearbeitung
des Schlüssels kommt hier nicht in Betracht. Das ins Gesenk geschlagene Stück
wird nur abgegratet und dann geräumt. Der Kulissenhebel d wird auf beiden
Seiten A gefräst. Die beiden Löcher werden dann unter Benutzung einer einfachen
Aufnahmevorrichtung geräumt. Hier werden gleichzeitig zwei Stück auf einmal
fertiggestellt, zuerst die eine Seite, dann wird die geräumte Seite in eine einfache
Zentrierung genommen und die andere viereckige Öff-
nung bearbeitet. Die Schnecke e mit zwei festen Keilen
ist in zwei Zügen geräumt. Die Vorarbeiten beschränken sich auch hier auf das Vorbohren mit Spiralbohrer
und Abflachen der Seite A.

Das bekannteste Arbeitsbeispiel aus dem Fahr-
radbau, die Tretkurbel, ist in Abb. 4 dargestellt. Das

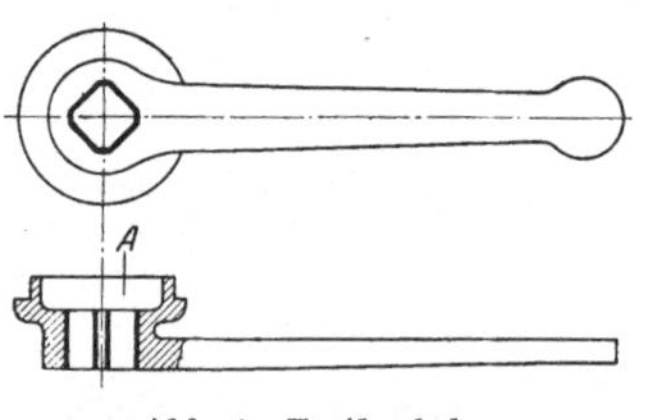

Abb. 4. Tretkurbel.

Vierkantloch, das nach dem Räumen noch kegelig
gedrückt wird, ist auf der Bohrmaschine vorgebohrt.
Eine Bearbeitung der Fläche A vorm Räumen ist hier nicht erforderlich, da diese
auch beim Bohren als Anlage dient, das Bohrloch also von selbst rechtwinklig
zur Anlagefläche steht, auch wenn Unebenheiten vorhanden sind.

Abb. 5 gibt einige Beispiele aus dem Werkzeugbau: a ist die Außenhülse
eines Bohrfutters für Federspannung, b ein Zahnrad eines Getriebespannfutters,
das zu mehreren geräumt wird. Eine einfache Aufnahmevorrichtung ist im Abschnitt 12 angegeben. Die Vorarbeit besteht beim Bohrfutterteil a im Fertig-

drehen der Bohrung und Vordrehen des Außendurchmessers; *b* wird auch bis auf den Außendurchmesser fertig bearbeitet. Das Schneideisen *c* ist vorgebohrt und auf der Drehbank geplant.

Einige Arbeitsbeispiele aus der **Waffenindustrie** zeigt Abb. 6. Hier wird in Selbstladepistolen *a* die Aussparung *x* im ersten Räumarbeitsgang eingezogen; die Vorarbeit beschränkt sich auf das Durchfräsen einer Nute, wie durch die strichpunktierten Linien angegeben ist. Die endgültige Form des Loches wird dann mit einer Nadel fertiggestellt. Auch das Loch *y* wird nach Fertigstellung von *x* mit Nutenfräsern von zwei Seiten vorgefräst, damit für den Schaft der Nadel genügend Platz ist. Die Spanabnahme der Nadel ist natürlich in diesem Falle gering, das Patronenmagazin muß also nach dem Vorfräsen nur noch wenig Untermaß, etwa 0,3 mm auf jeder Seite, haben.

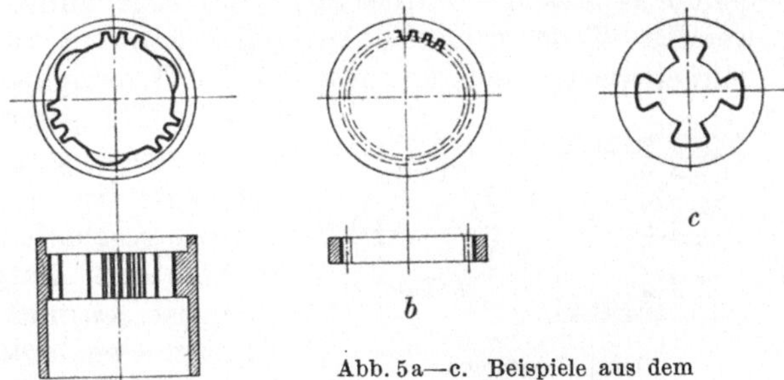

Abb. 5a—c. Beispiele aus dem Werkzeugbau.

Es lassen sich noch verschiedene Beispiele anführen. Der Lauf der Pistole kann auch rund geräumt, und in einem zweiten Arbeitsgang können dann die Züge eingeräumt werden. Hierzu wird eine Drallvorlage verwendet, ähnlich der in Abschnitt 13 abgebildeten. Für Geschosse gibt *b* (Abb. 6) ein Beispiel. Hier ist die Bohrung mit schmalen Längsnuten versehen, die dann später in einem Arbeitsgang auf der Drehbank durch Ringnuten verbunden werden. Die Geschosse werden in diesem Falle so weit vorgearbeitet, daß nach dem Räumen nur noch der Außendurchmesser fertigzudrehen ist.

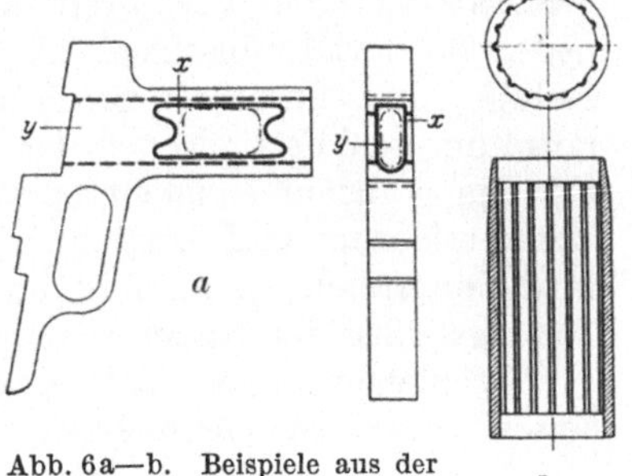

Abb. 6a—b. Beispiele aus der Waffenindustrie.

Aus der **Elektrotechnik** sei folgendes Bearbeitungsbeispiel angeführt: Bei der Massenfertigung von Elektromotoren werden vorteilhaft als Nacharbeit die gestanzten Ständer- und Läuferbleche geräumt. Dazu werden die Nuten der Polbleche mit Untermaß gestanzt und nach dem Zusammenbau der Bleche die Polnuten geräumt. Dabei wird der zusammengebaute Ständer oder Läufer in eine Teilvorrichtung gespannt, und die Nuten werden einzeln eingeräumt. In Abb. 35 (S. 23) ist eine Teilvorrichtung abgebildet. *a* (Abb. 7) zeigt ein Ständerblech, *b* ein Läuferblech. Die Bleche werden auf der Drehbank weiterbearbeitet.

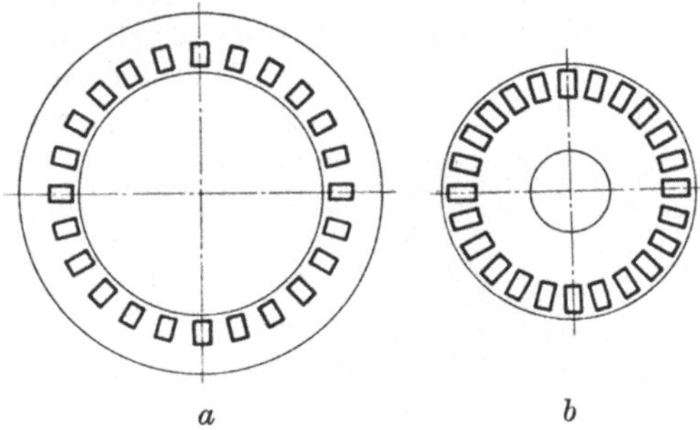

Abb. 7a u. b. Beispiele aus der Elektrotechnik.

In den bisherigen Beispielen sind nur gerade, parallel zur Achse liegende Nuten gezeigt. Jedoch auch das Räumen **gewundener Nuten und Formlöcher** ist möglich und sehr zu empfehlen. Die Anwendung der Drallnuten für Schiebeverbindungen ist durch das Räumverfahren sehr gefördert worden. Die

Bearbeitung nach altem Verfahren war sehr umständlich und zeitraubend; sie geschah meist auf der Drehbank. Für die Herstellung größerer Mengen drallgenuteter Löcher wurde auch die sogenannte Schmiernutenziehmaschine verwendet. Teile größeren Ausmaßes konnten auf einer anderen Sondermaschine gefräst werden, jedoch war es um die Genauigkeit dieser Arbeitsverfahren schlecht

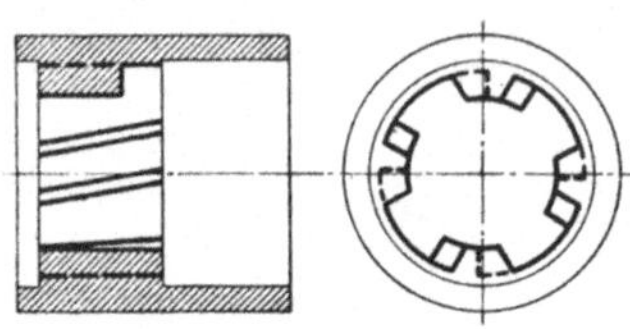
Abb. 8. Drallnuten.

bestellt. Hauptsächlich aus diesem Grunde wurde die Anwendung drallförmiger Nuten in Bohrungen vermieden. Für diese Art Arbeiten ist nun das Räumen wie geschaffen. Wenn auch nicht verkannt werden soll, daß die Herstellung von Drallnadeln kostspielig ist, so muß doch andererseits wieder die unbedingte Genauigkeit und die Gleichheit der geräumten Bohrungen untereinander in Rechnung gestellt werden. Gleichheit und damit Austauschbarkeit ist aber die erste Forderung moderner Fertigung. Auch die Ersparnisse an Arbeitszeit gegenüber den alten Arbeitsverfahren sind ganz bedeutend: es ist nicht als Ausnahme anzusehen, wenn für das Räumen einer mit Drallnuten versehenen Büchse nur der zwanzigste Teil der Zeit des alten Verfahrens aufgewendet zu werden braucht, und oft sind die Zeiten noch viel günstiger. In Abb. 8 ist ein Arbeitsstück mit Drallbohrung dargestellt. Die Vorarbeit beschränkt sich wieder auf Vorschruppen der äußeren Form und auf Fertigdrehen der Bohrung; zugleich ist die eine Seite planzudrehen. Für das Drallräumen ist eine einfache Vorrichtung erforderlich, die im Abschnitt 13 näher erläutert und bezeichnet ist. Besonders große Genauigkeit der Bohrung wird hier erreicht, wenn man die Nadel zweimal durchlaufen läßt, wodurch etwaige Teilungsfehler der Nadel ausgeglichen werden.

Abschließend seien noch Bearbeitungsbeispiele aufgeführt, die einige Besonderheiten aufweisen. Abb. 9 zeigt die Schließnuß eines Sicherheitsschlosses. Die

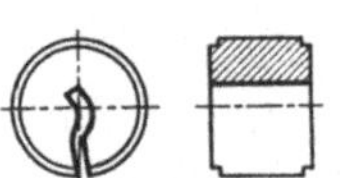
Abb. 9. Schließnuß.

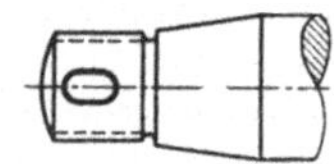
Abb. 10. Querloch.

Schwierigkeit besteht dabei in der außerordentlich geringen Schlitzbreite sowie in der großen Tiefe des Schlitzes und in seiner gewundenen Form. Zufolgedessen müssen die Räumnadeln sehr geringen Querschnitt und geringe Spanabnahme aufweisen. Beispielsweise sind 5 Nadeln erforderlich. Die Bearbeitung erfolgt in einer Vorrichtung, die jeweils 5 Werkstücke nebeneinander aufnimmt, wobei die Räumnadeln in einem gemeinsamen Halter nebeneinander befestigt sind. Die Vorrichtung wird nach jedem Durchzug um ein Werkstück weitergeschaltet, bis alle 5 Räumnadeln durchgezogen sind. Das Querloch im Gewindezapfen nach Abb. 10 ist mehrfach vorgebohrt, so daß der Nadelschaft eingeführt werden kann. Beim Räumen wird das Werkstück in eine Vorrichtung aufgenommen. Das gußeiserne Lagergehäuse a nach Abb. 11 ist mit 6 schwalbenschwanzförmigen Längsnuten b für die sichere Befestigung des Lagermetalles zu versehen. Die Werkstückaufnahme d zeigt 6 Führungsnuten, in die 6 gleiche Räumnadeln c eingelegt und

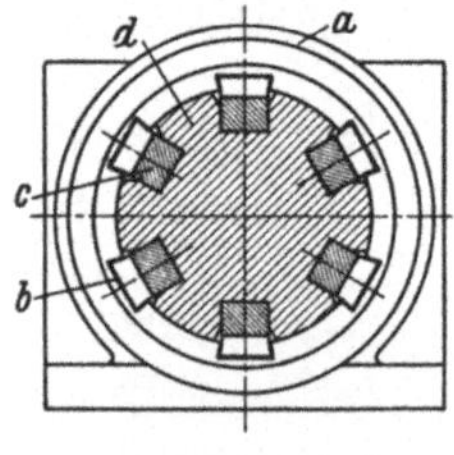
Abb. 11. Nuten zur Befestigung von Lagermetall.

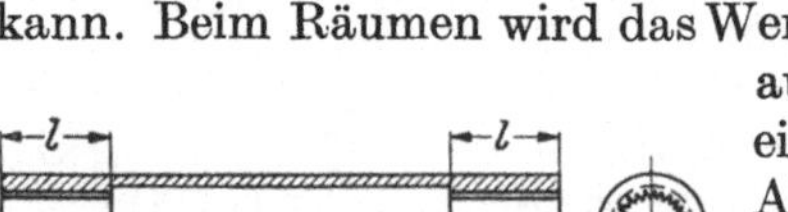
Abb. 12. Ausgesparte Bohrung.

in einem gemeinsamen Halter befestigt werden. Die 6 Nuten werden auf diese Weise in einem Durchzug hergestellt. In Abb. 12 ist eine Büchse gezeigt, die an beiden Enden Kerbverzahnung von der Länge l aufweist. Bei der Herstellung der Räumnadel richtet sich daher ihre Zahnteilung nach der Länge l, während die Zahnlücke für $2 \times l$ bemessen werden muß, weil in ihr zwei Späne unterzubringen sind. Werden Bohrungen mit einem festen Keil nach Abb. 13 f geräumt, so darf die Anfangsform der Räumnadel nicht deren Endform entsprechen. Es würde sonst beim Räumen eine Verlagerung des Bohrungsmittelpunktes eintreten. Vielmehr müssen die erforderlichen Räumnadeln derart ausgebildet sein, daß sie zwei gegenüberliegende Keile stehen lassen, wie in Abb. 13a, b, c, d gezeigt. Hiernach wird einer dieser Keile weggeräumt (Abb. 13 e) und schließlich mit einer letzten Räumnadel die verlangte Form (Abb. 13 f) hergestellt. Verjüngte Vierkantlöcher nach Abb. 14 werden in der Weise geräumt, daß jeweils eine Ecke des Vierkantloches bearbeitet wird. Es ist hierfür eine Aufnahmevorrichtung erforderlich. Die Räumnadel a ist in ihrer Schnittbreite b etwas breiter als die halbe Seitenkante des größten Vierkantes zu bemessen. Nach viermaligem Durchziehen der Nadel ist das verjüngte Vierkantloch fertiggestellt.

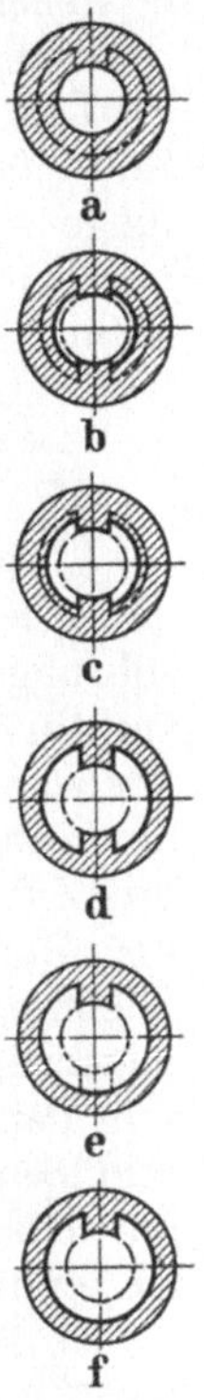

3. Bearbeitungszeiten. Von dem Kulissenhebel d (Abb. 3), dessen rechteckige Löcher 150×100 mm messen, werden 25 Stück in einer Stunde geräumt. Die Länge des Loches beträgt, da jedesmal 2 Stück aufeinandergelegt werden, $25 \times 2 = 50$ mm. Die Bearbeitung durch Stoßen beträgt für den Hebel 20 min, so daß eine große Ersparnis zu verzeichnen ist. Auch muß noch beachtet werden, daß beim Stoßen mit Feile nachgearbeitet werden muß, denn beim Zurückholen des Stoßstahles wird oft die eben bearbeitete Fläche wieder beschädigt; zum mindesten muß der sich bildende Grat entfernt werden. Beim Räumen dagegen kommt das Werkstück fertig von der Maschine und bedarf keinerlei Nacharbeit.

Die Leistung bei der Bearbeitung von Kardangabeln beträgt bei abgerundetem Vierkantloch von 40×50 mm bei einer Lochlänge von 140 mm unter Verwendung zweier Nadeln 18 Stück stündlich.

Keilnuten werden mit einer Räumnadel gezogen. Die Leistungen sind hierbei ganz bedeutend. Es ist keine Seltenheit, daß in einer Stunde 300 Stück Gußräder bei einem Bohrungsdurchmesser von 32 mm und einer Länge von 45 mm mit Nuten von 8 mm Breite und 2,5 mm Tiefe versehen werden.

Das Schneideisen c (Abb. 5) wird in 3 min unter Verwendung einer einfachen Räumnadel in einer Teilvorrichtung hergestellt. Die frühere Bearbeitung erforderte ungefähr eine Stunde. Mit einer Formräumnadel läßt sich dieses Schneideisen bereits in 1 min räumen, wobei noch die Teilvorrichtung fortfällt.

Pleuelstangen für Automobilmotoren sind ein besonders guter Artikel für das Räumen. Es werden auf einer Maschine in 9 stündiger Schicht 400 Stück geräumt, wobei zugleich beide Bohrungen fertiggestellt werden.

Der Kompressorkolben Abb. 15 wird mit 3 Nadeln bearbeitet. Dabei ist die Abmessung des Schlitzes 60 × 26 mm Fertigmaß. Das Loch ist vorgegossen. Es müssen auf jeder Seite des Loches 3 mm Werkstoff entfernt werden. Mit der ersten Nadel wird das Loch auf $59,5 \times 21$ mm geräumt; der zweite Zug erweitert das Loch nach der anderen Rechteckseite auf $59,5 \times 25,5$ mm; die dritte Nadel dient zum Säubern der Bohrung an allen vier Seiten, und zwar wechseln die Schneidzähne, so daß einmal die kurze und das andere Mal die lange Rechteckseite be-

Abb. 13.
Bohrung mit festem Keil.

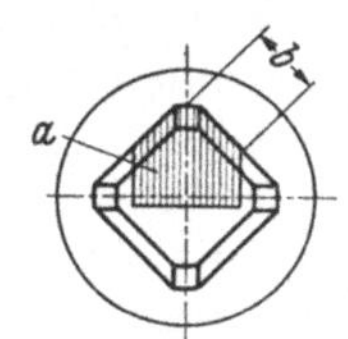

Abb. 14.
Verjüngte Vierkantbohrung.

Abb. 15.
Kompressorkolben.

arbeitet wird. Die Bohrung ist nach dem Durchlaufen dieser Nadel auf 60×26 mm Fertigmaß gebracht. Auf diese Weise werden in der Stunde 10 Kolben geräumt, zu denen man nach dem alten Arbeitsverfahren durch Stoßen und Feilen 10 Stunden brauchte.

Die in Abb. 1 gezeigte Nabe mit 6 Nuten von beispielsweise 18 mm Breite und 3,65 mm Tiefe bei einem Innendurchmesser von 65 mm und 115 mm Nabenlänge wird wegen der Werkstoffestigkeit von $70 \cdots 80$ kg/mm² mit 2 Räumnadeln bearbeitet. Die Bearbeitungszeit beträgt trotz der gewichtigen Werkzeuge nur 4 min.

B. Die Räumnadelziehmaschinen.

4. Bauarten. Die Räumnadelziehmaschinen haben sich im Laufe der Zeit zu ganz neuzeitlichen Werkzeugmaschinen entwickelt. Es gibt verschiedene Ausführungen, die sich im wesentlichen einerseits durch die senkrechte oder waagerechte Anordnung des Ziehschlittens und andererseits durch die Art seines Antriebes unterscheiden. Je nach Auffassung des Erbauers wird die Hauptbewegung des Ziehschlittens durch Zahnstange oder Schraubenspindel oder durch Ölgetriebe mit Zylinder und Kolbenstange erzwungen. Der Ziehschlitten ist zur Aufnahme der Räumnadel eingerichtet; die Nadel wird teils durch Querkeil, teils durch Klemmbacken mitgenommen. Am Ziehschlitten selbst sind verstellbare Anschläge angeordnet, die die Maschine nach durchlaufenem Arbeitshub ausrücken. Verschiedene Maschinen sind mit Sicherung gegen ungewollten Rücklauf des Ziehschlittens versehen; solange die Räumnadel in der Maschine befestigt ist, kann der Rücklaufhebel nicht umgelegt werden. Eine Beschädigung der Räumnadel ist somit ausgeschlossen.

5. Die Arbeitsgeschwindigkeit bei mechanisch angetriebenen Innenräummaschinen liegt gewöhnlich zwischen 1 und 4 m/min, wobei einzelne Ausführungen 3 Geschwindigkeiten aufweisen. Die Rücklaufgeschwindigkeit des Ziehschlittens beträgt einheitlich 3 bis 5 m/min. Je nach Größe der Maschine beträgt die Durchzugkraft 1000 bis 50000 kg bei einem Leistungsaufwand von 3 bis 15 PS. Die ölgetriebenen Innenräummaschinen sind hingegen für stufenlos veränderliche Arbeitsgeschwindigkeiten bis 14 m/min eingerichtet, wobei der Rücklauf 15 bis 30 m/min beträgt. Solche Maschinen werden für eine Durchzugskraft bis 40000 kg bei Antriebsleistungen bis 55 PS gebaut.

6. Aufbau und Arbeitsweise der Maschinen. Die Gestalt der Kopfplatte, gegen die das Werkstück während des Arbeitshubes gelegt wird, ist verschieden ausgeführt. In der Hauptsache ist sie so eingerichtet, daß Dorne zum Keilnutenziehen und auch andere Vorrichtungen aufgenommen werden können. Für besonders schwere Werkstücke hat sich auch die Verwendung eines besonderen Aufnahmetisches bewährt.

Eine Kühlölpumpe sorgt während des Arbeitshubes für Zuführung von Kühlöl zum Werkstück. Das Öl läuft in einer Leitung bis zur Kopfplatte der Maschine, wo es durch einfachen Hahn an- und abgestellt werden kann.

Wenn die Räumnadel durchgelaufen ist, werden durch Aufschlagen der Nadel auf einen Holzklotz die Späne entfernt. Besser ist die Reinigung durch grobe Handbürste. Es ist sehr wichtig, die Späne restlos zu entfernen, da die Spankammern der Räumnadel gewöhnlich so berechnet sind, daß sie gerade die abfallenden Späne eines Zuges aufnehmen können. Wenn aber mit einer Räumnadel, deren Spankammern nicht völlig gereinigt sind, noch ein Werkstück geräumt wird, so kommt es häufig vor, daß Zähne der Nadel beschädigt werden.

Die Nadel wird entweder durch Querkeil oder Klemmbacken befestigt. Abb. 16 zeigt die Anordnung der Mitnahme durch Keil. Der Ziehschlitten f hat eine Aussparung zur Aufnahme der Büchse e, die durch den geteilten Ring g in der Zugrichtung gehalten wird. Die Schraube h verhindert beim Einführen der Nadel a ein Durchstoßen der Büchse. Nachdem die Nadel a durch das Werkstück b gesteckt ist, wird sie durch Einstecken des Keiles d befestigt: der Zug kann beginnen. Diese Befestigung durch Querkeil ist einfach, sie hat aber den Nachteil, daß die Verbindung von Werkzeug und Maschine nach dem beendeten Arbeitshub nicht selbsttätig gelöst wird.

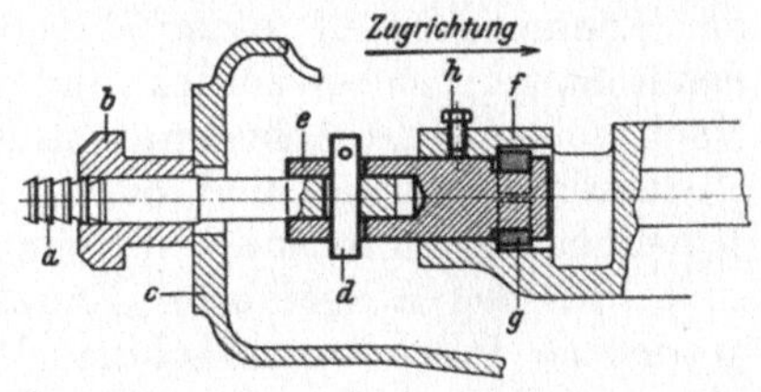

Abb. 16. Räumnadelbefestigung durch Querkeil.

Bei der Mitnahme der Räumnadel durch Klemmbacken ist die Bedienung der Maschine einfacher. Die Nadel wird hier in der Anfangsstellung des Ziehschlittens nur in den Klemmbackenschlitz gesteckt, wo sie selbsttätig gefaßt wird. a (Abb. 17) zeigt die Anfangsstellung des Ziehschlittens im Längsschnitt; c gibt die End-

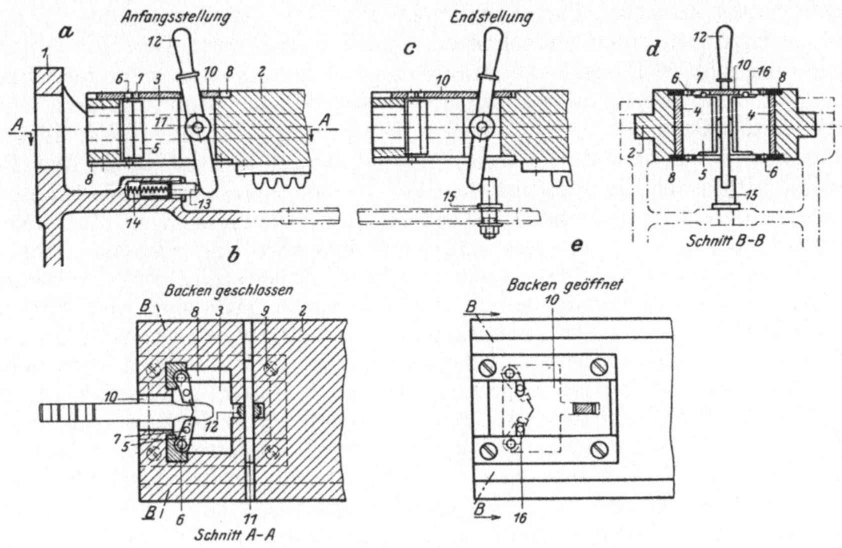

Abb. 17. Räumnadelbefestigung durch Klemmbacken.

stellung an; b zeigt im Waagerechtschnitt die Klemmstellung der Backen mit der festgehaltenen Nadel; e ist die Ansicht des Ziehschlittens in der Auslösestellung von oben, während in d der Querschnitt durch die Klemmbacken gezeigt ist. Aus diesem Schnitt B—B ist zu ersehen, wie der Ziehschlitten 2 im Maschinenkörper (der hier strichpunktiert ist) geführt wird. Die Aussparung 3 im Ziehschlittenkopf dient als Gehäuse der 2 Klemmbacken 5, die ihrerseits um die Drehbolzen 6 schwenkbar gelagert sind. Um den Arbeitsdruck nicht auf die Bolzen 6 zu übertragen, hat man für jede Backe eine Pfanne 4 angeordnet, die den Druck aufnimmt. Die Klemmbacken 5 haben außer den Drehbolzen 6 noch Steuerbolzen 7, die in Steuerschlitze 16 eines Steuerschiebers 10 eingreifen, der wiederum durch den Hebel 12 gesteuert wird. Der um den Drehbolzen 11 schwingende Hebel 12 wird durch den unter Druck der Feder 14 stehenden Bolzen 13 in der Anfangsstellung des Ziehschlittens bewegt und schließt stets die Klemmbacken. Wird die mit gegenüberliegenden seitlichen Aussparungen versehene Räumnadel in den Klemmbackenschlitz gesteckt, so werden die Klemmbacken und mit ihnen der Steuerschieber *10* samt dem Hebel *12* zurückgedrückt. Sobald die seitlichen Aussparungen der Räumnadel weit genug eingeführt sind, schnappt der unter Federdruck stehende Steuerschieber zurück, und die Nadel ist befestigt: der Zug kann beginnen. Nach vollendetem Arbeitshub stößt das eine Ende des Steuerhebels an den verstellbaren Bolzen *15* und bewegt hierdurch den Steuerschieber und somit die Klemmbacken. Die Nadel ist frei und kann herausgenommen werden.

7. Beispiel ausgeführter Räumnadelziehmaschinen. **a)** Eine senkrechte ölgetriebene Innenräummaschine (Forst) ist als Ständermaschine ausgebildet. Mit dem Ziehständer ist an der Vorderseite der Tischständer und an der Rückseite der Treibölbehälter fest verschraubt[1].

Das Ziehwerk besteht aus einem Zylinder, der an einer am Ständerdeckel festgeschraubten Kolbenstange geführt und durch Drucköl gesenkt (Arbeitsgang) und gehoben wird (Rücklauf). Das Drucköl wird durch die hohle feststehende Kolbenstange zu- und abgeleitet. Am Zylinder ist der Werkzeugschlitten befestigt, der am Ständer geführt ist, und an dem der selbsttätig spannende Räumwerkzeughalter auswechselbar angebracht ist. Der Arbeitsweg des Werkzeugschlittens ist durch einen einstellbaren Anschlag begrenzt. Der Werkstücktisch ist eine durchbohrte Planscheibe, die in vorgesehenen Nuten Spannvorrichtungen aufnehmen kann. Ein Räumwerkzeugzubringer hält das Räumwerkzeug während des Werkstückwechsels in der oberen Endstellung. Nachdem ein Werkstück aufgebracht ist, senkt sich der Zubringer mit dem Räumwerkzeug. Das Räumwerkzeug tritt durch die Bohrung des Werkstückes und wird im Werkzeughalter des Werkzeugschlittens selbsttätig verriegelt, während es vom Zubringerkopf selbsttätig freigegeben wird. Das Räumwerkzeug wird nun von oben nach unten durch das Werkstück gezogen. Nach beendetem Arbeitsgang wird das Werkstück entfernt, das Räumwerkzeug bewegt sich von unten nach oben und wird in der oberen Endstellung selbsttätig entriegelt. Gleichzeitig wird es vom Zubringerkopf gefaßt und zum unbehinderten Aufspannen eines neuen Werkstückes gehoben.

b) Bei einer anderen Räummaschine (Dolze & Slotta) nach Abb. 18, 19, 20 erfolgt die für den Durchzug der Räumwerkzeuge p erforderliche Hin- und Herbewegung des Werkzeugschlittens a durch zwei ortsfeste, parallel zueinander liegende Spindeln b, die ihrerseits über ein Stufengetriebe durch die Antriebscheibe d gedreht werden. Die Maschine ist mit Einscheibenantrieb ausgerüstet und so übersetzt, daß sie unmittelbar von der Transmission oder von einem Elektromotor angetrieben werden kann. Ein besonderes Zwischenvorgelege ist entbehrlich. Das Getriebe der Räummaschine besteht aus der Hauptwelle W_a, auf der die Antriebscheibe d, die verlängerte Kupplungsaußenhülse F_a für den Arbeitsgang mit dem keilverbundenen dreistufigen Schieberad R_a, die beiden Kupplungsinnenhülsen f_a und f_r mit der auf ihnen verschiebbaren Kupplungsnuß q sowie die Kupplungsaußenhülse F_r für den Rücklauf sitzen, aus der Nebenwelle W_b mit den fest aufgekeilten drei Gegenstufenrädern R_b und dem kleinen Antriebsrad r für die beiden Spindelräder R_c, aus den Spindelenden W_c mit den Spindelrädern R_c, ferner aus dem verdeckten Vorgelege für den Rücklauf mit den beiden Rädern R_d und aus einer Schnellbremse mit der Bremskette m. Durch Bewegen der Kupplungsnuß q nach rechts oder links werden die in dem Kupplungsbügel L sitzenden Kugelschrauben t nach außen gedrückt, der mit dem Kupplungsbelag u

---

[1] Die Bauart ist zum Innenräumen u. Außenräumen grundsätzlich ähnlich durchgebildet, die Außenräummaschine im Werkstattbuch Heft 80 ausführlich beschrieben.

belegte Spreizring s durch Auseinanderpressen des Bügels L gespreizt und an die Innenwandung der Kupplungshülse F_a oder F_r gepreßt. Hierdurch wird F_a

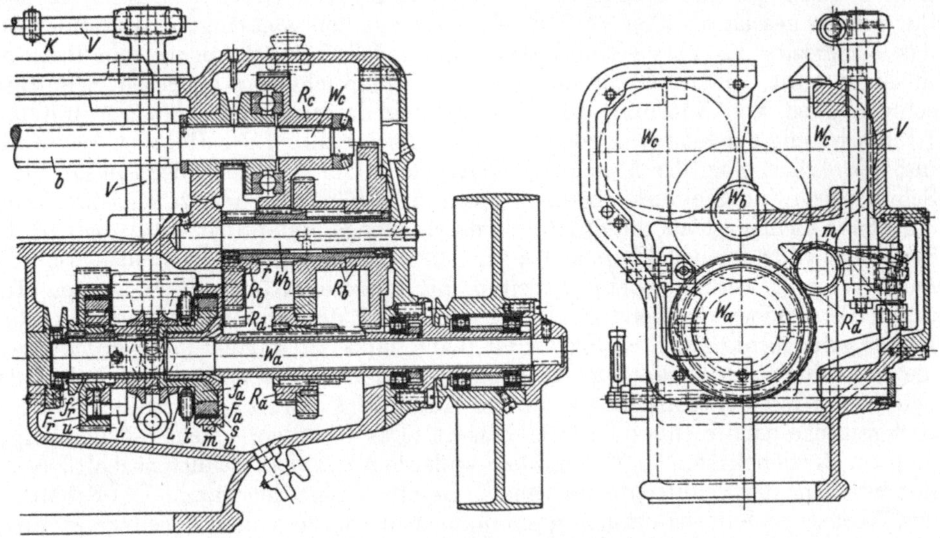

Abb. 18. Antrieb der Räummaschine (Dolze & Slotta).

bzw. F_r mitgenommen und der Arbeitsgang bzw. der Rücklauf eingerückt. Wird z. B. die Kupplungsnuß q durch das Schaltgestänge v nach rechts gedrückt, so

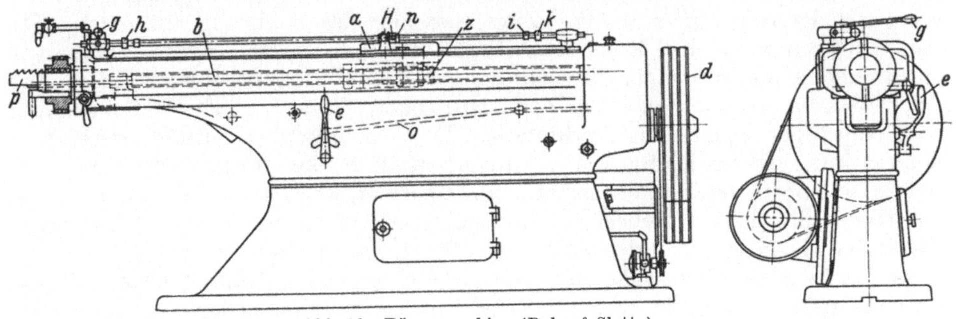

Abb. 19. Räummaschine (Dolze & Slotta).

läuft nach der Abb. 18, und zwar von der Antriebsscheibe her betrachtet, das Getriebe wie folgt: Kupplungsaußenhülse F_a nimmt zwangsläufig das Stufenrad R_a nach links (entgegen dem Uhrzeigersinn) mit, dieses das entsprechende Gegenrad R_b auf W_b nach rechts, R_b zwangsläufig r nach rechts, r die Spindelräder R_c nach links. Die beiden Spindeln b (Linksgewinde) werden dadurch ebenfalls entgegen dem Uhrzeigersinn angetrieben, so daß sich der Schlitten a im Arbeitsgang nach

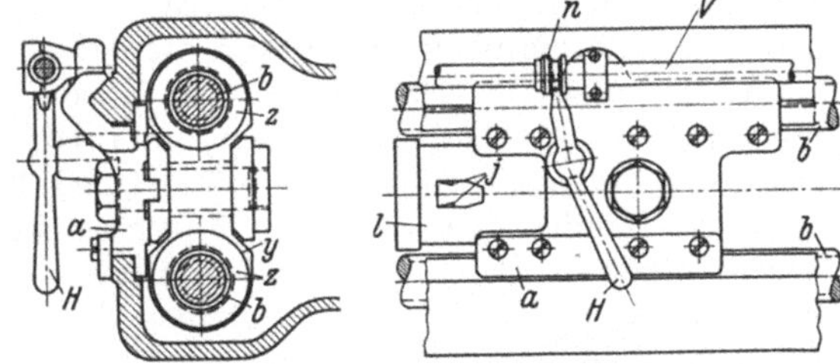

Abb. 20. Spannkopf (Dolze & Slotta).

rechts bewegt. Gleichzeitig nimmt das ganz links auf W_b sitzende Rad R_b das mit ihm kämmende rechte Vorgelegerad R_d nach links leer mit, R_d links die als Rad ausgebildete Rücklaufkupplungshülse F_r, die also auch leer mitläuft. Beim Rücklauf ist das Getriebe im umgekehrten Sinne zwangsläufig geschaltet. Das dreifach gestufte Getriebe hat drei verschiedene Arbeitsgeschwindigkeiten. Sie werden geschaltet über den Hebel e, der mit dem Gestänge o verbunden ist, das seinerseits die Verschiebung des Stufenrades R_a nach rechts und links ermöglicht. Die Mittelstellung des Hebels e entspricht der höchsten Schnittgeschwindigkeit von 3 m/min, die Linksstellung der mittleren von 2 m/min und Rechtsstellung der kleinsten von 1 m/min. Die Schaltung des Hebels e beeinflußt nur den Arbeitsgang der Maschine, nicht jedoch den Rücklauf, der für sämtliche Schnittgeschwindigkeiten einheitlich 3 m/min beträgt. Der größte Maschinenhub, der etwas kleiner ist als die größte Räumnadellänge, entspricht dem Abstand der Stellringe h für den Rücklauf und k für den Arbeitsgang. Diese Stellringe dürfen nicht verstellt werden. Beim Arbeiten mit kürzeren Räumnadeln ist der Hub durch Verschieben des verstellbaren Anschlages i, der bei Ausnutzung des vollen Hubes ganz rechts am Stellring k sitzt, nach links zu kürzen. Ausgerückt wird die Maschine nach beendetem Arbeitsgang und Rücklauf selbsttätig, indem der Schlitten a mit dem Anschlag n an den Anschlag i bzw. h anfährt und das Ausrückgestänge nach rechts oder links bewegt. Das Gestänge v steht mit der Kupplung im Getriebekasten in Verbindung, außerdem mit dem Schlittenschalthebel g, mit welchem der Schlitten ganz beliebig geschaltet werden kann. Die Schaltung des Werkzeugschlittens erfolgt in sinnfälliger Weise, d. h. auf Arbeitsgang durch Umlegen des Hebels g nach rechts, auf Rücklauf durch Umlegen nach links. Der Werkzeugschlitten (Abb. 20) ist zugleich Führungsschlitten a und Spannkopf l. Der Führungsschlitten a ist einseitig und dachförmig an der hinteren Bettseite der Maschine geführt und mit zwei Bronzemuttern z verbunden, die die Drehbewegung der Spindeln b in die Längsbewegung des Schlittens umsetzen. Das vom Schlitten verdeckte Zugmutternpaar z ist in demselben nicht völlig starr angeordnet, sondern waagerecht schwenkbar durch Verankerung in einem Ausgleichstück y gehalten, das um den zentrischen Zapfen x schwingt. Dadurch wird einseitiger Spindelzug verhindert. Der Spannkopf l enthält zwei unter Federwirkung stehende Backen j zum Festhalten des Räumwerkzeuges. Die Federn schließen die Backen selbsttätig. Geöffnet werden die Backen entweder von Hand mittels des Hebels H oder selbsttätig nach beendetem Arbeitsgang, sobald der Hebel H gegen den Anschlag i fährt und verdreht wird.

c) Die in Abb. 21 gezeigte waagerechte ölgetriebene Räummaschine (Forst) für eine größte Zugkraft von 12500 kg bei 7,5 PS Kraftbedarf ist für Räumnadellängen bis zu 1250 mm eingerichtet. Der Öldruck wird durch eine Niederdruck-Enor-Pumpe 1 erzeugt, die für etwa 18 atü Höchstdruck eingestellt ist. Die Ölerwärmung ist dabei gering, so daß auch der Schlupf in niedrigen Grenzen bleibt und ein ruhiger Gang der Maschine auch bei hohen Arbeitsdrücken erzielt wird. Die Ölfördermenge und damit die Arbeitsgeschwindigkeit der Maschine wird durch Verstellen der Exzentrizität der Enor-Pumpe stufenlos von 1 bis 5,6 m/min geändert. Beim Arbeitsgang saugt die Pumpe 1 durch den oberen Stutzen das Öl aus der hohlen Kolbenstange 5 und einen Teil des hinter dem Arbeitskolben 6 zu verdrängenden Öles an und fördert es durch den unteren Stutzen vor den Arbeitskolben 6. Die Stellung des Ventiles 4 ist dabei wie ausgezogen dargestellt. Die restliche, hinter dem Arbeitskolben 6 zu verdrängende Ölmenge wird in den Ölbehälter 9 gefördert. Für den Rücklauf wird durch ein mit dem Stößel gekuppeltes Gestänge die Exzentrizität der Enor-Pumpe nach entgegengesetzter Richtung geschaltet. Der Ölfluß ist hierbei als Doppelpfeil eingezeichnet. Die Pumpe saugt jetzt durch den unteren Stutzen Öl aus dem Zylinderraum vor dem

Arbeitskolben *6* an und drückt es durch den oberen Stutzen in die hohle Kolbenstange *5*. Der Überdruck am oberen Stutzen bringt das Ventil *4* in die gestrichelt
gezeichnete Lage. Das restliche, vor dem Arbeitskolben zu verdrängende Öl wird
durch das Ventil *4* hinter den Arbeitskolben geleitet. Das hinter dem Kolben *6*
noch fehlende Öl, das dem Inhalt der Kolbenstange entspricht, wird dem Aus-
gleichsbehälter *9* entnommen. Die Rücklaufgeschwindigkeit bis max 30 m/min
ist sehr hoch, da die wirksame Kolbenfläche der hohlen Kolbenstange sehr klein
ist. Eingestellt werden die Geschwindigkeiten durch Kurvenbolzen *2*, die die
Exzenterstellung der Pumpe begrenzen. Der Arbeitsdruck in kg wird am Mano-

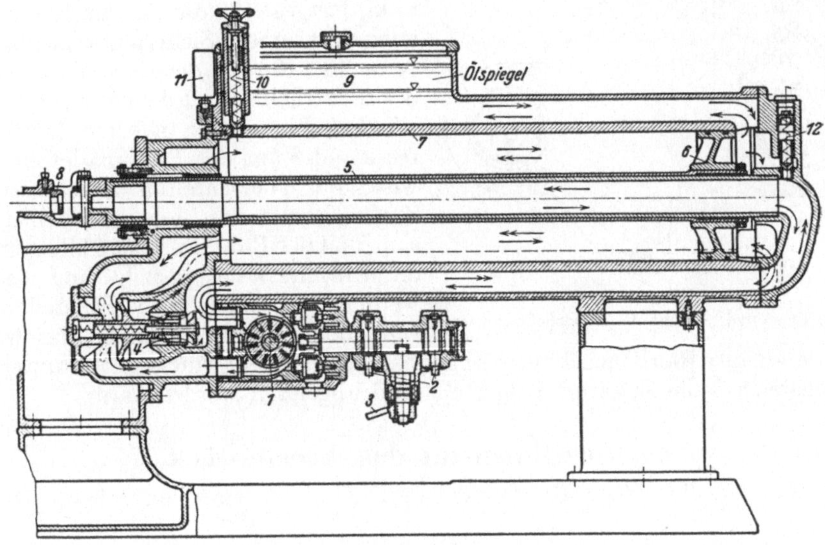

Abb. 21. Ölgetriebene Räummaschine (Forst).

meter *11* abgelesen. Ein einstellbares Sicherheitsventil *10* läßt das Öl in den Be-
hälter abfließen und bringt die Maschine zum Stillstand, sobald der Arbeitszug
den zulässigen, vorher eingestellten Höchstbetrag überschreitet.

Die waagerechten Räummaschinen sind meist mit einer Führungsbahn ausgerüstet, um die Räumnadel am freien Ende zu führen und gegen Durchhängen
zu sichern. Sie besteht aus einer in der Spänewanne untergebrachten Gleitbahn,
auf der ein Schlitten vorgesehen ist, in den das freie Ende der Räumnadel eingelegt oder befestigt wird, so daß es nicht durchhängen kann.

Besonders die ölgetriebenen Maschinen können mit einer selbsttätigen Zu-
bringeeinrichtung für das Zubringen der Räumnadel ausgerüstet sein, die halb-
oder unter günstigen Umständen vollselbsttätiges Arbeiten gestattet. Zu diesem
Zwecke ist in der Spänepfanne ein entsprechend der Länge des Räumwerkzeuges
verstellbares Gleitlager angeordnet, das in auswechselbaren Büchsen das Räumwerkzeug aufnimmt. Das Gleitlager wird durch einen Drucközylinder auf einer
Führungsbahn vor- und zurückbewegt und hat den Zweck, das Räumwerkzeug,
nachdem ein Werkstück aufgebracht wurde, selbsttätig durch das Werkstück
und die Planscheibe hindurch in den Räumwerkzeughalter der Maschine zu bringen,
wo es *selbsttätig* verriegelt wird. Kurz vor beendetem Rücklauf nimmt das Gleitlager der Zubringereinrichtung die Räumnadel wieder auf. Durch eine Ringnute
im Räumwerkzeug und einen federnden Stift im Gleitlager wird das Räumwerk-

zeug gehalten, während es nach Freigabe der Verriegelung im Zugorgan der Maschine aus diesem herausgezogen wird. Der Bedienungsmann hat also nur nötig, ein Werkstück aufzubringen und die Maschine einzurücken. Alles andere, wie Zubringen des Räumwerkzeuges, Verriegeln im Räumnadelhalter, Arbeitsgang und Rücklauf, Lösen der Verriegelung und Zurückziehen des Räumwerkzeuges geschieht selbsttätig.

Weitere Besonderheiten an ölgetriebenen Maschinen sind ein Druckmesser in Manometerform und ein Sicherheitsventil mit Einstellvorrichtung. Beim erstmaligen Arbeiten mit einer fabrikneuen Räumnadel wird die erforderliche Zugkraft in kg festgestellt, die für die Reihenfertigung mit einem Sicherheitszuschlag von etwa $30 \cdots 40\,\%$ an der Einstellvorrichtung des Sicherheitsventiles eingestellt und für Wiederholungen der gleichen Arbeit vermerkt oder auf der Räumnadel eingeätzt wird. Bei Überschreiten der eingestellten Zugkraft wird das Sicherheitsventil wirksam, und das Räumwerkzeug bleibt stehen; die Ursache kann gesucht und behoben werden! Abb. 22 zeigt die Einstellvorrichtung des Sicherheitsventiles, bei welcher

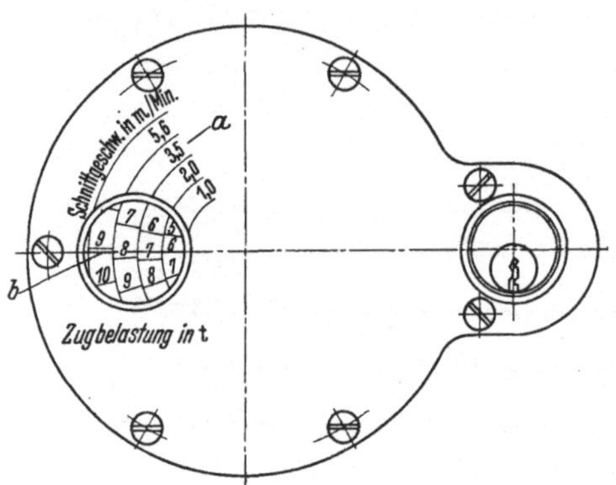

Abb. 22. Einstellvorrichtung des Sicherheitsventiles.

für jede an der Räummaschine vorhandene Arbeitsgeschwindigkeit a unter dem Einstellstrich b die Zugkraft eingestellt und abgelesen werden kann.

C. Richtlinien für das Arbeitsstück.

Die Löcher, die mittels Räumnadel bearbeitet werden sollen, müssen Durchgangslöcher sein.

8. Werkstoffe und Kühlmittel. Für die Bearbeitung durch Räumnadel eignen sich alle Werkstoffe, die auch sonst durch Spanabheben ihre Form erhalten. Auch hier müssen aber die einzelnen Werkstoffe gesondert behandelt werden, genau wie bei der Bearbeitung durch Drehen oder Bohren. Die Konstruktion der Nadel hat bei der Wahl der Schneidenwinkel auf die mechanischen Eigenschaften, ganz besonders auf die Festigkeit und Dehnung Rücksicht zu nehmen.

Die Werkstoffe selbst, möge es nun härter oder weicher Guß, zäher oder spröder Stahl sein, müssen durchaus gleichmäßig sein, d. h. die chemische Zusammensetzung und das Gefüge müssen an allen Stellen des Werkstückes gleich sein. Besonders bei weichem Stahl zeigen sich leicht Ungleichheiten, die dann bei der Bearbeitung durch Abquetschen des Werkstoffes plötzlich hervortreten. Im Abschnitt 48 (Abb. 123) ist ein Werkstück mit einem solchen Fehler gezeigt. Allgemein läßt sich sagen, daß etwas spröder Stahl besser zu bearbeiten ist als zäher, der auch Neigung zum „Haken" zeigt[1].

Bei vergütetem Stahl ist besondere Vorsicht geboten. Es ist von Vorteil, wenn der beim Glühen oder Vergüten sich ansetzende Zunder durch Sandstrahlen oder Beizen der Werkstücke entfernt wird. Zunder beschädigt die Nadel und macht sie vorschnell stumpf. Selbstverständlich müssen Säurereste durch Nachwaschen der Werkstücke in Wasser oder Sodalauge entfernt werden, damit die Schneidfähigkeit der Nadel nicht leidet. Auch bei Gußhaut empfiehlt sich die Behandlung durch Sandstrahl und Beize, da besonders die eingeschlossenen Sand-

---

[1] Ähnlich ist es ja auch bei anderen Bearbeitungsverfahren, z. B. Gewindeschneiden.

körnchen eine verheerende Wirkung auf die Schneiden der Nadel ausüben. Harte Stellen im Guß entfernt man mit Meißel oder auf andere Art, da sie ebenfalls die Nadel beschädigen und unbrauchbar machen könnten. Besser ist es, die Gußhaut durch mechanische Bearbeitung, sei es durch Vordrehen oder Vorbohren, zu entfernen, und dann erst zu räumen.

Als Schneidöl[1] kommt beim Bearbeiten von Stahl entweder Fischtran oder Specköl in Betracht. Das sogenannte Automatenöl ist zu dünnflüssig und daher ungeeignet. Sind Werkstücke aus Hartguß zu räumen, so benutzt man Terpentinöl. Bei Bearbeitung von Aluminium ist es vorteilhaft, mit Petroleum zu räumen, wenn man es nicht vorzieht, die Räumnadel trocken laufen zu lassen, da bei dem weichen Werkstoff keine Bedenken vorliegen, daß die Nadel beschädigt werden könnte. Bei Bronze und ähnlichen spröden Werkstoffen ist es angebracht, die Räumnadel nicht zu kühlen, denn die bröckeligen Späne bleiben durch Öl kleben und erschweren die Reinigung der Nadel, die nach jedem Zug vorgenommen werden muß.

9. Konstruktion der Werkstücke. Vor allem ist für ausreichende Gleichmäßigkeit der Wandstärken zu sorgen. Wird z. B. ein Werkstück mit ungleichen Wänden, die obendrein noch besonders dünn sind, geräumt, so drückt die schwächere Wand sich beiseite und federt nach dem Durchlaufen der Räumnadel wieder in die alte Stellung zurück. Die Folge davon ist, daß die Bohrung an der Stelle der dünnen Wand zu eng und von der Kontrolle zurückgewiesen wird, weil der Lehrdorn nicht paßt. *a* (Abb. 23) zeigt ein falsch aufgebautes Werkstück; die gestrichelten Linien geben übertrieben die Rückfederung des Wand-

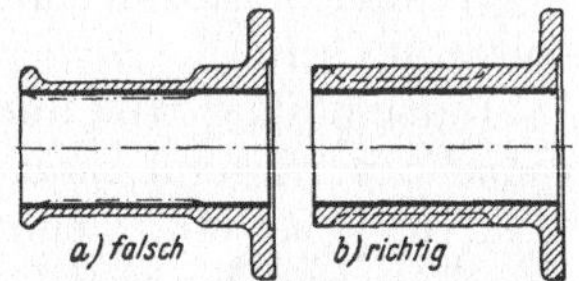

Abb. 23. Werkstückausbildung.

teiles an. Die Ausführung nach *b* ist besser. Wenn bei Konstruktionen die Wandstärken nicht geändert werden dürfen, so ist ein Ausweg meist dadurch möglich, daß die schwache Stelle erst nach dem Räumen außen bearbeitet wird. Bei gegossenen Teilen ist es oft nicht zu umgehen, daß Bohrungen mit einer schwachen Stelle geräumt werden. Man kann sich dann dadurch helfen, daß die Nadel noch ein zweites Mal durchgezogen wird. Immer führt dieses Verfahren jedoch nicht zum gewünschten Ergebnis.

Bei der Ausbildung des Formloches sind scharfe Ecken zu vermeiden. Schon eine ganz geringe Abrundung an der gefährlichen Stelle wirkt gut und stört in den seltensten Fällen. In Abb. 24 ist z. B. ein Viernutenloch dargestellt. Die scharfe Ausbildung des Nutengrundes ist der Anfertigung der Räumnadel sehr hinderlich. Wenn beim Härten nicht ganz sorgfältig verfahren wird, verbrennen die scharfen Ecken der Zähne und machen die Nadel unbrauchbar. Auch für die Arbeit der Nadel ist es nicht von Vorteil, wenn die Ecken scharf sind. Schließlich kann bei der Weiterbearbeitung (Außendrehen) durch Kerbwirkung der scharfen Ecke der Klemmdruck des Drehdornes die schwache Wand zersprengen, wie die Bruchlinien in Abb. 24 andeuten.

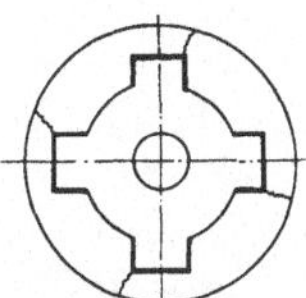

Abb. 24. Kerbwirkung durch scharfen Nutengrund.

Im allgemeinen ergibt sich eine schwache Abrundung der Ecken von selbst, nur bei ausgesprochenen Nuten- und Flachnadeln ist das Augenmerk hierauf zu richten.

10. Bearbeitungszustand der Werkstücke. Die Vorbearbeitung der zu räumenden Werkstücke ist bei den im Abschnitt 2 angeführten Beispielen bereits kurz angegeben. Sie erstreckt sich in der Hauptsache auf die Schaffung einer zur Boh-

---

[1] Vgl. Werkstattbuch Heft 48 „Öl im Betrieb".

rung rechtwinklig stehenden Fläche, die als Anlage beim Räumen benutzt werden muß. In den meisten Fällen ergibt sich eine derartige Fläche von selbst. Beim Ausbohren eines längeren Loches mit dem Drehstahl wird ohnehin schon die Stirnseite mit plangedreht. Sie „läuft" also mit der Bohrung. Auch bei der Bearbeitung auf der Bohrmaschine ist es einfach, die nach oben stehende Fläche mit dem Zapfensenker abzuflachen. Dabei kommt es auf die Sauberkeit der erzeugten Oberfläche nicht an, denn bei der Fertigbearbeitung des Werkstückes kann ja nach dem Räumen diese eine Seite nochmals saubergeschlichtet werden. Die senkrechte Anlagefläche muß vorhanden sein, da sonst das anstandslose Durchziehen der Räumnadel nicht gewährleistet ist. Abb. 25 zeigt, um was es sich dabei handelt. Sie gibt der Deutlichkeit halber den $\sphericalangle \alpha$ stark übertrieben; in Wirklichkeit genügt schon eine Größe von weniger als $1/_4{}^0$, um die ungünstige Wirkung zutage treten zu lassen. Dies rührt daher, daß die Nadel das Bestreben hat, immer senkrecht zur Anlagefläche bei geneigter Lochachse zu

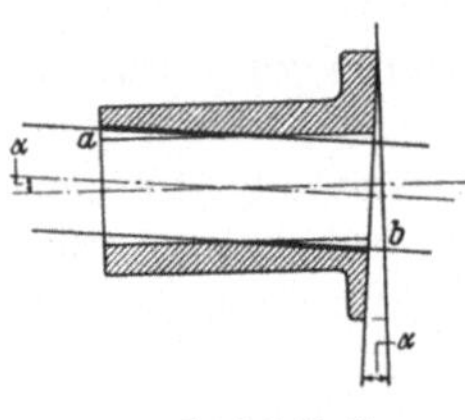

Abb. 25. Schiefe Auflage.

laufen. Durch den auftretenden einseitigen Druck, hervorgerufen durch die Beanspruchung der Zähne sowohl bei a wie bei b, wird die Nadel auf Biegung beansprucht. Dadurch kann sie krumm werden, immer aber wird das Arbeitsstück Ausschuß sein.

Derselbe Fall tritt auch ein, wenn die Bohrung bei der Vorbearbeitung zu groß gedreht wird, und zwar in der Hauptsache bei Form- und Nutennadeln. Im Abschn. 49 ist ein solches Werkstück gezeigt (Abb. 127 und 128). Es ist deutlich zu sehen, wie die Nadel nach der einen Seite hin abgewandert ist, bis sie festsaß. Um die Nadel zu retten, mußte der Kegelradrohling zersägt werden. Man tut also gut, die zu groß gebohrten Werkstücke vom Räumen auszuschließen, damit die Räumnadel nicht unnötig in Gefahr gebracht wird. Tritt bei einem zu groß gebohrten Loch dieser eben beschriebene Fall nicht ein, so ist sehr wahrscheinlich, daß die Form einseitig eingeräumt wird. Es gibt dann, wie in Abb. 26 übertrieben gezeigt, unbrauchbare Formen. Zwar kann hier etwas Abhilfe geschaffen werden, wenn man die Nadel ein zweites Mal durchlaufen läßt, aber das kann nur auf Kosten der Genauigkeit geschehen.

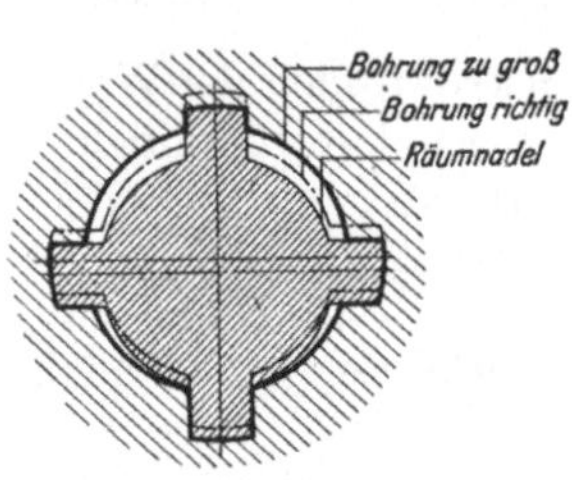

Abb. 26. Zu große Bohrung.

Andererseits darf das Werkstück doch auch nicht zu stramm auf die Führung der Räumnadel passen, weil hierdurch ein Festfahren der Räumnadel begünstigt wird. Ständig muß der erste Zahn der Nadel bereits in die Bohrung hineingehen, da sonst während des Befestigungsvorganges das Werkstück verdreht und dadurch Ausschuß entstehen, unter ungünstigen Umständen auch die Räumnadel verdorben werden kann.

Ein Werkstück fertig zu bearbeiten und dann erst zu räumen ist ein sehr zweifelhaftes Verfahren. Wenn auch durch saubere Aufnahme des Werkstückes für gute Zentrierung gesorgt ist, so wird doch in den weitaus meisten Fällen wieder ein geringer „Schlag" auftreten, der nicht überall zulässig ist. Es sei hier nur an Getrieberäder erinnert, die dann unruhigen Gang ergeben würden. Entschieden vorteilhafter ist es deshalb, die Werkstücke erst nach dem Räumen fertig zu bearbeiten, weil dann die maßhaltige Bohrung als Aufnahme und zu weiteren Messungen benutzt werden kann. Der etwa vorhandene „Schlag" wird dann durch die nachträgliche Bearbeitung entfernt.

Sind Aussparungen in der Bohrung vorgesehen, so ist darauf zu achten, daß sie vor dem Räumen da sind. In den meisten Fällen werden die Räumnadeln so ausgebildet, besonders bei langen Löchern mit Aussparungen, daß die Spankammern (vgl. Abschn. 18) einen aus zwei „Locken" bestehenden Span aufnehmen können. Wird nun die Aussparung nicht mit vorgearbeitet, so bildet sich ein einziger, bedeutend längerer Span und verstopft die Spankammer. Die Folge davon ist vergrößerte Reibung beim Räumen und unter Umständen Hängenbleiben der Räummaschine.

Das bereits weiter oben angeführte nochmalige Durchlaufenlassen der Räumnadel besonders bei Werkstücken mit dünnen, unterschiedlichen Wänden ist auch dann zu empfehlen, wenn das Werkstück sehr lang ist. Beim Räumen langer Löcher treten Spannungen des Werkstoffes hervor, deren Wirkung auf diese Weise etwas ausgeglichen werden kann. Praktisch wird dabei so verfahren, daß auf der Räumnadel eine Markierung angebracht wird, die die Stellung des Werkstückes beim ersten Arbeitshub etwa durch Kreidestrich angibt. Umschlagen des Werkstückes bei symmetrischem Formloch um 180° entfernt die durch Werkstoffspannungen entstandene Veränderung der Bohrung beim nochmaligen Arbeitshub.

Werkstücke, aus denen viel Werkstoff entfernt werden muß, können auf einer selbsttätigen Stoßmaschine vorgestoßen werden. Sie werden dann mit nur einer Räumnadel fertiggezogen. Vorstoßen auf nichtselbsttätigen Maschinen wird meist zu ungleichmäßig, so daß die Nadel gefährdet wird.

D. Räumvorrichtungen.

Vorrichtungen im eigentlichen Sinne sind für das Räumen nicht nötig. Es handelt sich hier vielmehr um einfache Vorlagen und Aufnahmedorne. Eine Befestigung des Werkstückes durch Schrauben oder ähnliche Spannelemente, wie beispielsweise an einer Fräsvorrichtung, ist nicht notwendig. Die eigentliche Anpressung des Werkstückes geschieht während des Arbeitsvorganges durch den Schnittdruck. Von den Vorrichtungen wird verlangt, daß sie dem Arbeitsstück als Gegenhalt dienen. Ihre Aufgabe ist, der senkrecht zur Bohrung stehenden Fläche als Anlage zu dienen. Beim Nutenräumen werden ganz einfache Aufnahmedorne benutzt, auf die das Werkstück mit der zu nutenden Bohrung aufgesteckt wird. Für die Herstellung der Drallnuten dagegen sind eigentliche Vorrichtungen erforderlich: sie haben Kugellager und drehen das Arbeitsstück.

Die Vorrichtungen zum Räumen werden eingeteilt in:

1. Aufnahmedorne zum Räumen gerader Nuten,
2. Vorlagen zum Räumen gerader Formlöcher und
3. Drallvorlagen zum Räumen gewundener Formlöcher.

11. Die Aufnahmedorne. Die Aufnahmedorne finden in der Hauptsache beim Räumen von Keilnuten Verwendung. Dazu muß die Maschine ausgebildet sein. Das Gegenlager der Maschine hat eine auswechselbare, geschlitzte Klemmbüchse, in die der jeweilige Dorn genau paßt. Der Dorn selbst hat einen Längsschlitz, der beim Räumen die Nadel führt und aufnimmt.

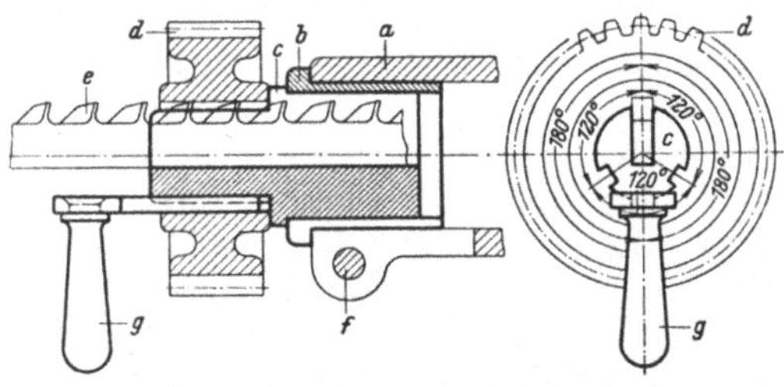
Abb. 27. Zylindrischer Aufnahmedorn.

In Abb. 27 ist ein derartiger Aufnahmedorn dargestellt. Das Maschinenende *a* — auch Gegenhalter genannt — ist durch einen Klemmbolzen *f* zur Aufnahme der ebenfalls geschlitzten Stahlbüchse *b* eingerichtet. Diese ist gehärtet und innen sauber geschliffen; ihre Bohrung dient zur Aufnahme des Dornes c, der durch Zusammenschrauben des Klemmbolzens f festgehalten wird. Der Dorn ist mit einer Nute e versehen, die die Räumnadel während des Arbeitsganges aufnimmt. Die Räumnadel paßt mit ihrem Rücken saugend in den Schlitz des Dornes und wird dadurch gut geführt; Abdrücken der Nadel ist deshalb ausgeschlossen. Das Werkstück d paßt seinerseits wieder genau auf den Dorn c und wird beim Arbeitsgang von der auftretenden Zerspannungskraft gegen den Bund des Aufnahmedornes gezogen, wo es dann unverrückbar festsitzt. Da eine seitliche Beanspruchung nicht auftritt, ist es überflüssig, das Werkstück gegen Verdrehen zu sichern. Für jeden Bohrungsdurchmesser ist ein anderer Dorn zu verwenden.

Jeder Dorn läßt in der Regel die Anwendung nur einer Nadel zu. In vielen Fällen wird aber für die Bohrung noch eine zweite Keilnute gefordert. Durch eine einfache Änderung kann der Dorn auch zum Räumen zweier oder mehrerer Nuten eingerichtet werden. In Abb. 27 ist diese Änderung angegeben. Dem Schlitz für die Nadelführung gegenüber liegt eine eingefräste Nute. Ist nun die erste Nute in das Arbeitsstück eingeräumt, so wird dieses um 180° gedreht, bis die Nute des Werkstückes und die Nute des Dornes sich decken. Durch Einschieben einer Paßfeder, die mit einem Handgriff g versehen ist, wird ein weiteres Drehen verhindert. Die zweite Keilnute kann nun geräumt werden. Die Teilung des Dornes muß genau ausgeführt sein, wenn die Werkstücke genau sein sollen. Eine entsprechende Anordnung läßt sich natürlich für Drei- und Viernutenbohrungen verwenden, indem die Teilnuten unter 120° bzw. 90° eingefräst werden. Die Vorrichtung hat sich sehr gut bewährt, und wer nur kleinere Reihen zu bearbeiten hat, kann so recht gute Erfolge erzielen. Dagegen ist für große Reihen- und Massenfertigung die Verwendung von Vier-, Drei- und Zweinutennadeln wirtschaftlicher.

Um nun auch verschiedene Bohrungsdurchmesser auf einem Dorn bearbeiten zu können, hat man der Anschaffungs- und Unterhaltungskosten wegen eine andere Einrichtung geschaffen (Abb. 28). Da für eine Reihe von Bohrungen stets ein und

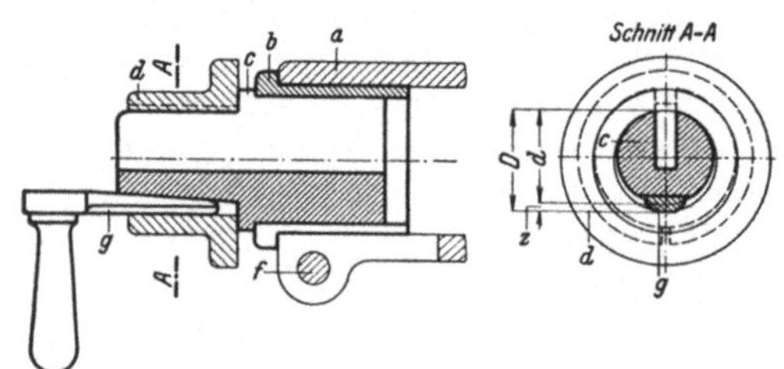

Abb. 28. Aufnahmedorn für verschiedene Durchmesser.

dieselbe Keilnutenbreite und Tiefe angewendet werden muß, z. B. nach DIN 269 für die Wellendurchmesser 44 bis 50 mm eine Keilbreite von 14 mm und eine Nabennutentiefe von 4,2 mm, so hat man unter Anlehnung an DIN die Aufnahmedorne so genormt, daß für jede Bohrungsreihe mit gleichen Nutabmessungen 1 Dorn bestimmt ist, dessen Durchmesser gleich der kleinsten Bohrung der Reihe ist. Jeder dieser Dorne c (Abb. 28) hat nun gegenüber dem Räumnadelschlitz eine schräge Fläche. Wird nun ein in die betreffende Durchmesserreihe gehöriges Werkstück auf den Dorn gesteckt, so läßt es den Durchmesserunterschied $D - d = z$ frei. In diesen Zwischenraum zwischen der Schrägen am Dorn und der Buchse wird nun ein Keil g mit an einer Seite gerader Bahn eingesteckt und mit dem Handballen etwas festgeschlagen. „Ecken" kann der Keil nicht, weil die beiden aufeinanderliegenden schrägen Flächen verhältnismäßig breit sind (s. Schnitt $A - A$). Nach leichtem Festschlagen kann der Räumvorgang vor sich gehen. Dieses Verfahren ist trotz der geringen Keilnutenunterschiede genau genug und wird überall angewendet.

Kegelige Bohrungen werden beim Keilnutenräumen genau wie zylindrische behandelt. Die Forderung bei einem solchen Kegelloch ist meist, daß die Mantellinie des Kegels parallel zur Keilnute verläuft. Hierzu ist ein Aufnahmedorn nach Abb. 29 zu verwenden. Die Mittellinie des Kegels ist um den Winkel α geneigt. Der Räumnadelschlitz ist parallel zur Mantellinie ein-gearbeitet. Bei der Herstellung dieses Aufnahme-dornes ist besonders auf guten Anriß der angedeute-ten und mit z bezeichneten Zentrierlöcher zu achten, da ja hiervon die Parallelität des Nutengrundes abhängt.

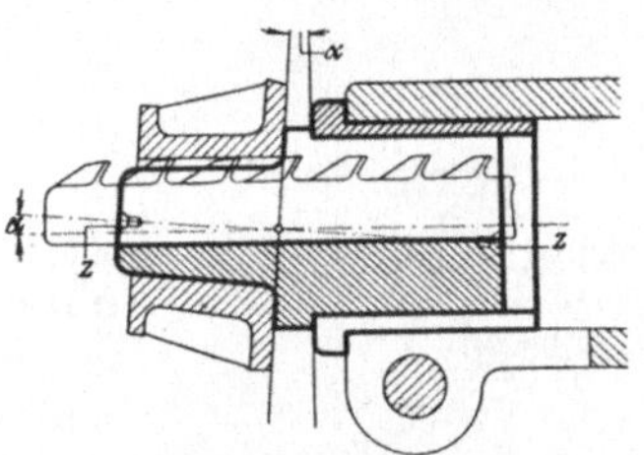

Abb. 29. Aufnahmedorn für kegelige Bohrung.

Ist dagegen die Forderung gestellt, die Nute par-allel zur Mittellinie zu räumen, so bedarf es eines Aufnahmedornes nach Abb. 27, mit dem Unter-schiede, daß an Stelle der zylindrischen eine kegelige Aufnahme tritt. Hierbei ist jedoch zu beachten, daß Bohrung und Dorn nicht zu viel Anzug haben, weil sonst die Nadel das Werkstück festzieht. Wenn mit einmaligem Räumen der Nutentiefe wegen nicht auszukommen ist, kann derselbe Aufnahmedorn und auch dieselbe Nadel zu zwei- oder mehrmaligem Räumen verwendet werden. Dazu ist es notwendig, auf den Grund des Räumnadelführungschlitzes ein entsprechend starkes Paßstück zu legen, so daß beim zweiten Räumgang die Nadel höher heraussteht und da-durch die tiefere Nute erzeugt. Das Paßstück hat eine Nase, ähnlich den Nasen-keilen, die sich an dem Aufnahmedorn stößt und somit nicht durchgleitet.

12. Vorlagen zum Räumen gerader Formlöcher. Für die Bearbeitung der Form-löcher werden ganz einfache Vorlagen benutzt, die mit Schrauben am Gegenhalter der Maschine befestigt sind. Notwendig ist dabei die Anordnung einer Zentrierung, so daß Gegenhalter und Vorrichtung stetig ausgerichtet sind. Beim Zusammen-bau ist besonders auf zwischenliegende Späne zu achten, wie überhaupt jeder Anlaß, der Schrägstehen der Vorrichtung verursacht, beseitigt werden muß. Die Vorrichtung muß genau rechtwinklig zur Zugrichtung liegen, und ist gegebenen-falls durch Wasserwaage oder andere geeignete Instrumente daraufhin zu prüfen.

Eine Vorrichtung für bearbeitete Werkstücke ist in Abb. 30 dargestellt. Der Ge-genhalter a der Maschine hat vier T-Nuten und die Eindrehung z zum Zentrieren der Vorlage v. v ist durch Schrau-ben an der Kopfplatte der Maschine befestigt. Das Werk-stück wird auf die Räum-nadel aufgesteckt und diese dann in der Maschine befe-stigt. Das Werkstück legt sich dabei durch die Zerspanungs-kraft gegen die Vorlage und wird im Bunde a zentriert. Besser ist, wie bereits früher betont, das Werkstück erst

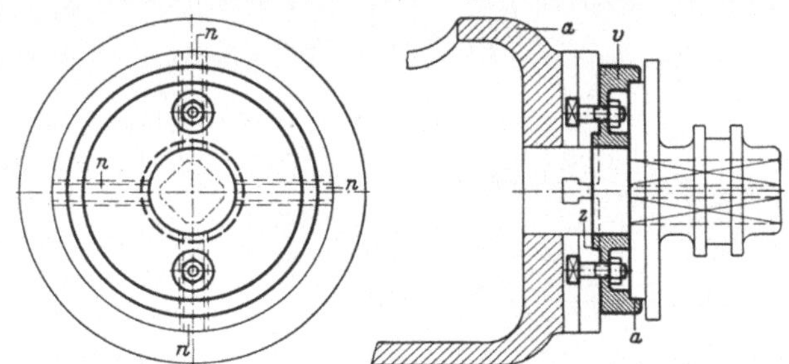

Abb. 30. Vorrichtung für bearbeitete Werkstücke.

nach dem Räumen zu bearbeiten, denn es kann nie garantiert werden, daß es nach dem Räumen noch genau „läuft", zumal wenn es sich um Werkstücke handelt, deren Bohrung nach dem Räumen nochmals geschliffen wird und deshalb mit Schleifmaß gedreht ist. Durch Weglassen des Bundes a wird eine Vorrichtung geschaffen, die für alle Zwecke, bearbeitete oder unbearbeitete, kleine oder große Werkstücke, brauchbar ist. Besonders wichtig ist es, die Anlagefläche nicht zu groß zu wählen, weil sonst mit verhältnismäßig mehr Ungenauigkeit zu rechnen ist als gewöhnlich. Die beste Anlagefläche ist immer die Stirnfläche einer normal ausgeführten Nabe. Sie kann schnell mit der Hand überstrichen werden, um anhaftende Späne zu entfernen.

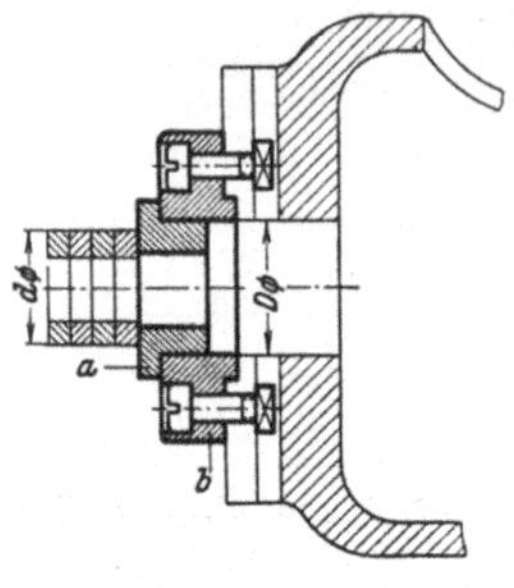
Abb. 31. Normalvorlage
mit Einsatzbuchse.

In Abb. 31 ist das Räumen mehrerer Werkstücke zugleich dargestellt. Der Außendurchmesser dieser Werkstücke d ist kleiner als der Durchmesser des Durchgangsloches D, das deshalb durch das hier angegebene Mittel verkleinert werden muß, wenn die Auswechslung der ganzen Vorlage unterbleiben soll. Es ist zu diesem Zweck eine Normalvorlage geschaffen, die für alle einfachen Arbeiten benutzt werden und deshalb immer auf der Maschine bleiben kann. Die Normalvorlage ist mit einer genauen Bohrung vom Durchmesser D versehen, in die bei Bedarf eine genau mit Gleitsitz passende Büchse a eingeschoben werden kann. Hierdurch wird das Austauschen der ganzen Vorlage gegen eine andere vermieden. Die Büchsen können in verschiedenen Abmessungen vorrätig gehalten werden.

In Abb. 32 ist eine Vorrichtung zum Räumen des Sechsnutloches in Kegelrädern gezeigt. Sie entspricht im wesentlichen der in Abb. 31 dargestellten Vorrichtung.

Abb. 33 zeigt eine Vorrichtung zum Räumen der Kerbverzahnung in Bremshebeln. Das Werkstück wird beim Räumen durch ein Spanneisen gehalten, das zugleich die Lage des Hebelarmes zur Verzahnung einhält.

In Abb. 34 ist eine Vorrichtung gezeigt, die zum Räumen von Mehrnutlöchern verschiedener Durchmesser bis 300 mm mit einer einzigen Räumnadel dient. An einer Teilscheibe mit zwei Loehkreisen ist die Nutenanzahl einzustellen, und mit Handkurbel und Spindel wird die Vorrichtung senkrecht verstellt, um die Räumnadel den verschiedenen Bohrungsdurchmessern entsprechend in die richtige Lage zum Werkstück zu bringen.

Abb. 32. Vorrichtung für Sechsnutbohrung.

Mit der sehr interessanten Vorrichtung Abb. 35 können sowohl die Ständer als auch die Läufer von Elektromotoren geräumt werden, und zwar nach dem Teilverfahren. Die im Motorgehäuse bzw. im Anker befestigten Bleche haben eine bestimmte Zahl von Nuten zur Aufnahme der Wicklung. Diese Nuten werden auf der Stanze hergestellt, und zwar mit einem bestimmten Untermaß. Nach dem Zusammenbau werden Gehäuse bzw. Anker auf die Teilvorrichtung genommen und die Wicklungsnuten Zug um Zug fertiggeräumt, indem nach Fertigstellung

Abb. 33. Räumvorrichtung für Kerbverzahnung.

einer Nute durch Drehen an der Kurbel unter Lösen eines Stiftes das Werkstück um das bestimmte Maß weitergeteilt wird.

Die Vorrichtung Abb. 36 ermöglicht es, beide Enden der Pleuelstangen zugleich zu räumen. Die Leistung ist dadurch auf das Doppelte gesteigert worden. Es sind zwei Räumnadeln erforderlich, die je 1 mm auszuräumen haben, die eine aus der großen Bohrung von 48 mm ⌀ bei 45 mm Länge, die andere aus der kleinen von 28 mm ⌀ und 38 mm Länge. Die Vorrichtung ist so ausgeführt, daß 2 Pleuelstangen mit den ungleichen Enden eingespannt werden müssen, so daß also ein kleines Loch und ein großes Loch zu gleicher Zeit bearbeitet werden. Eine interessante Einrichtung ist dabei weiter getroffen: Um die Mittenentfernung der beiden Löcher genau einhalten zu können,

Abb. 34. Nutenräumen in Teilvorrichtung.

war es notwendig, eine mitgehende Stütze A anzuordnen. Es hat sich nämlich gezeigt, daß die Räumnadeln durch ihr Gewicht sonst nach unten abwandern, was sich durch einseitige Bohrungen bemerkbar macht. Diese mitgehende Führung gleitet frei auf einer besonderen Bahn und wird von der großen Räumnadel, die leicht darin eingeklemmt ist, mitgezogen. Die kleine Räumnadel dagegen liegt gut passend lose in der Führung. Kurz bevor der Zug beendet ist, wird die Verbindung zwischen Führung und Räumnadeln gelöst, so daß diese weiterlaufen können. Die Räumnadeln wurden vor Anwendung dieser Führung sehr schnell stumpf, so daß sie schlecht geräumte Löcher ergaben. Durch die Geradeführung wurde nicht nur die Lebensdauer der Nadeln erhöht, sondern auch die Herstellungsziffern verdoppelt.

Abb. 35. Teilvorrichtung.

Auf diese Weise können z. B. auch 4 Stück Zahnräder usw. mit Keilnuten versehen werden, wenn man die Werkstücke nach Abb. 37 aufsteckt. Es bedarf dazu nur zweier gleicher Dorne.

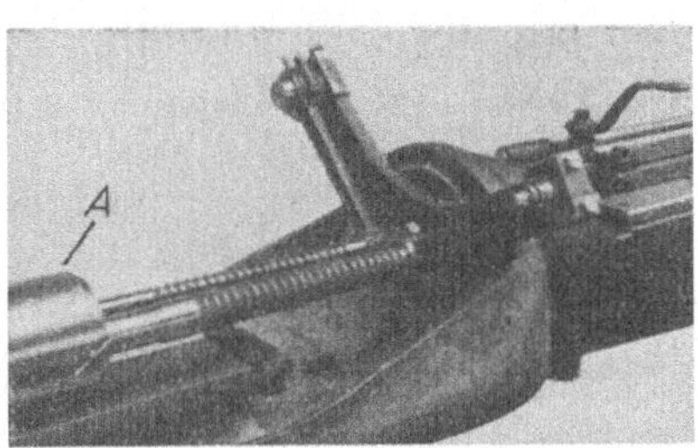

Abb. 36. Räumen von Pleuelstangen.

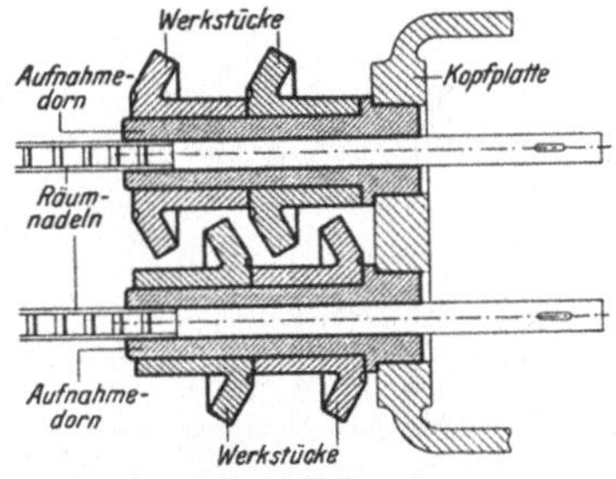

Abb. 37. Räumen mit zwei Räumnadeln.

Die Beispiele ließen sich beliebig vermehren. In der Hauptsache handelt es sich immer darum, eine feste Anlage zu schaffen, was mit allen Mitteln erreicht werden muß. Werkstücke, die die Anordnung einer senkrecht zur Bohrung stehenden Fläche nicht zulassen, müssen auf andere Art zur Anlage gebracht werden. In den meisten Fällen läßt sich das durch ein oder mehrere Widerlager erreichen.

13. Drallvorlagen für gewundene Formlöcher. Drallvorrichtungen sind durch Zwischenschalten eines oder mehrerer Kugellager drehbar gemachte Räumvorlagen. Das Kugellager muß zur Aufnahme des axialen Druckes kräftig bemessen sein. Durch richtige Anordnung der Zähne wird beim Räumen die Drallvorlage bewegt, so wie die Steigung des Dralles es erfordert. Die Drallvorrichtungen müssen sehr sauber gehalten werden, damit das eingebaute Kugellager leicht drehbar bleibt. Oft ölen ist hier am Platze.

Die Drallvorlage Abb. 38 trägt am Gegenhalter g ein sehr kräftig durchgebildetes Kugellagergehäuse a, in das das Kugellager selbst sehr gut hineinpaßt. Das Druckstück c, das dem Arbeitsstück als Anlage dient, ist durch 2 Ringmuttern d leicht drehbar befestigt. Vorteilhaft versieht man Vorlagen für Rechtsdrall mit Linksgewinde, Vorlagen für Linksdrall dagegen mit Rechtsgewinde, um dadurch ein Festsitzen des Druckstückes und damit meist Bruch der Nadel zu vermeiden.

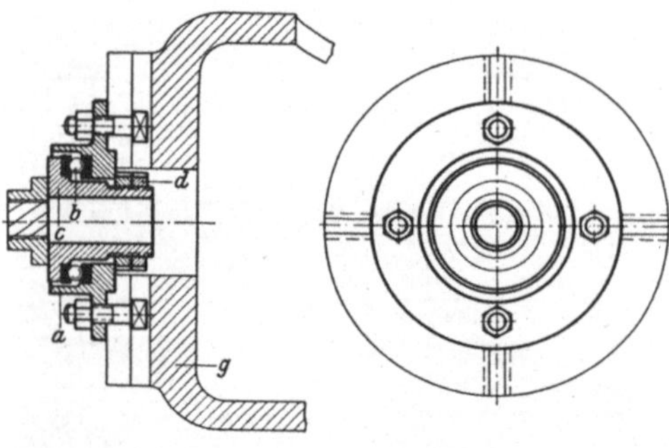

Abb. 38. Drallvorlage.

Abb. 39. Drallräumen.

Abb. 39 zeigt die Anwendung einer Drallvorrichtung und das Räumen von Drallnuten. Auf dem Maschinentisch sind verschiedene Arbeitsstücke zu sehen.

II. Die Konstruktion der Räumnadel.
A. Aufbau der Räumnadel.

14. Die Teile der Räumnadel. Eine Räumnadel ist nur für die Form benutzbar, für die sie angefertigt ist; das Profil zu ändern oder verschiedene Formen mit ein und derselben Nadel herzustellen, ist nicht möglich. Bei Nutenziehmessern können zwar durch Unterlegen von Paßstücken tiefere Nuten geräumt werden, doch sind diese Fälle als Ausnahmen anzusehen.

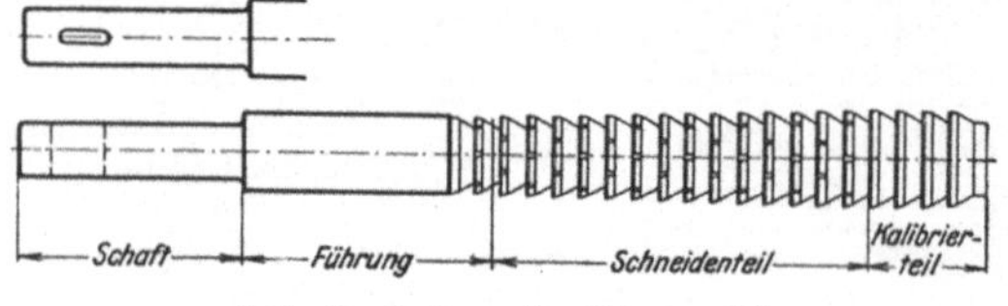

Abb. 40. Aufbau der Räumnadel.

Die ganze Länge der Räumnadel ist nach Abb. 40 in vier Abschnitte geteilt, nämlich: Schaft, Führung, Schneidenteil und Kalibrierteil. Nach diesem

Schema werden alle Nadeln, gleichviel ob Räumnadeln oder Nutenziehmesser, ausgeführt. Die Art des Mitnehmers richtet sich ganz nach Art der benutzten Maschine: er kann sowohl für Keil als auch für Spannzange ausgebildet sein. Die Führung der Nadel richtet sich nach dem vorgearbeiteten Werkstück, bei „Satznadeln" muß die Führung der folgenden Nadel immer das Profil der vorhergehenden erhalten. Die Ausbildung des Schneidenteiles ist abhängig von der Länge des zu bearbeitenden Loches und der Art des verwendeten Werkstoffes. Die am Ende jeder Fertignadel anzubringenden Kalibrierzähne schließlich dienen nicht nur zum Genauziehen, sondern sie verlängern auch die Lebensdauer der Räumnadel.

Man vermeide es, übermäßig lange Räumnadeln herzustellen, denn beim Härten und beim Räumen treten dann größere Schwierigkeiten auf. Besser ist es, wenn auch nicht immer billiger, die Länge zu unterteilen und zwei oder mehrere Nadeln anzufertigen, die dann leichter zu handhaben sind.

Allgemein geht man bei der Bestimmung der Lochform vom runden Querschnitt aus, denn hierdurch ergeben sich Erleichterungen bei der Herstellung und einfacheres Arbeiten. Auch der Endquerschnitt soll möglichst aus der runden Form abgeleitet werden, da sich auch hierdurch die Nadel leichter anfertigen läßt.

Bei einigen Beispielen im Abschn. 2 sind die runden Ausgangslöcher durch strichpunktierte Linien angegeben. Auch ist durch solche Linien an einigen

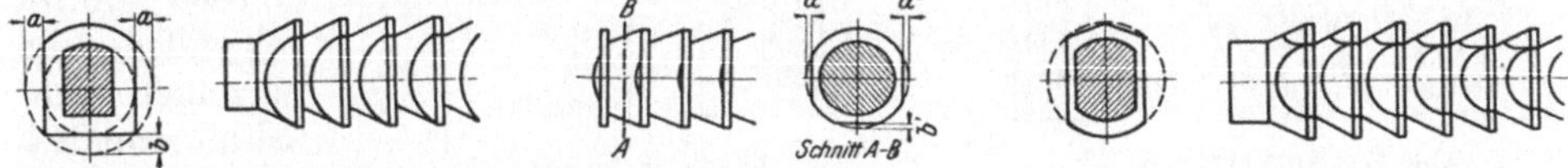

Abb. 41. Überleitung zur Form.   Abb. 42. Überleitung zur Form.   Abb. 43. Überleitung zur Form.

Formen gezeigt, wie der Räumnadelquerschnitt von der runden Form abgeleitet wurde. In Abb. 41···43 sind noch einige Beispiele gezeigt für die einfache Überleitung der runden in eine eckige Form.

Richtung und Größe des „Vorschubes", die bei der Räumnadel durch die Steigung der Nadel bzw. die Zunahme von Zahn zu Zahn verkörpert sind, wird ganz verschieden. Man geht so weit wie möglich auf die Dreh- und Rundschleifarbeit hinaus, denn die hierdurch erzielte Genauigkeit ist mit einfachen Mitteln zu erreichen. Bei der Rundnadel ist die Zunahme von Zahn zu Zahn gleichmäßig; der Vorschub der Vierkantnadel ist aus Abb. 44 zu ersehen. Die Pfeile geben die

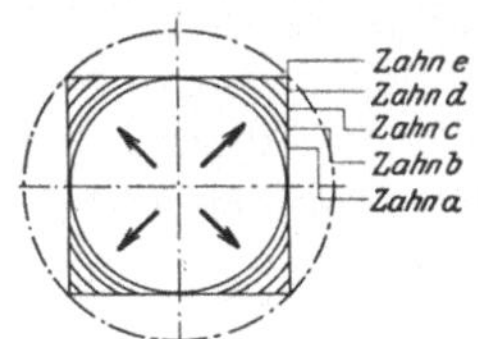

Abb. 44. Überleitung zur
Vierkantform.

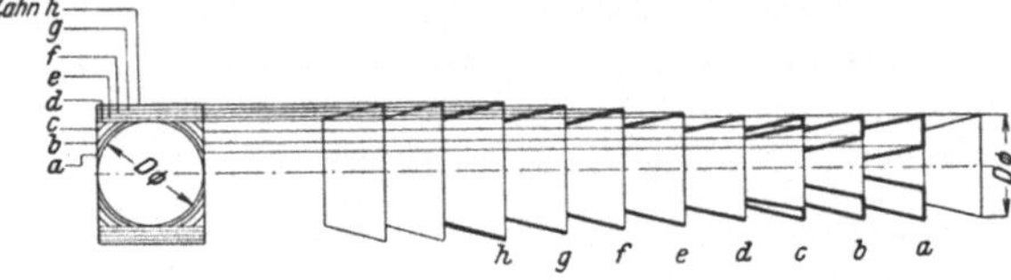

Abb. 45. Vorschub bei Rechtecklöchern.

Richtung des Vorschubes der Nadel an, so daß also, wenn die Spanstärken gleichmäßig wären, die Spanquerschnitte abnehmen würden. Das gleicht man durch veränderliche Zunahme der Spanstärke so gut wie möglich aus.

Sind rechteckige Löcher herzustellen, deren Seitenunterschiede nicht groß sind, so wird die Nadel nach dem Schema Abb. 45 ausgebildet. Die Zähne a bis d stellen erst das Vierkant her, die folgenden Zähne e bis h erweitern dieses nur nach einer Seite hin.

Bei Rechtecklöchern mit größeren Seitenunterschieden verwendet man vorteilhaft zwei oder mehrere Nadeln. Gewöhnlich wird dann auch das Loch rechteckig vorgearbeitet. Ein Beispiel zeigt das Schema Abb. 46. Hier ist von einem vorgearbeiteten rechteckigen Loch ausgegangen und mit Nadel *1* zuerst die kurze Seite des Rechteckes erweitert worden und dann mit Nadel *2* die lange Seite des Rechteckes. Für Genaulöcher ist dann noch eine dritte Nadel erforderlich, die aber nur wenig Vorschub hat, und zwar Zahn über Zahn auf der kleinen Rechteckseite, so daß die zwischenliegenden Zähne die lange Seite bearbeiten. Die Pfeile geben die jeweilige Bearbeitungsrichtung an.

Die beiden Schruppnadeln *1* und *2* haben Schrägverzahnung, damit sie besser schneiden. Die Schräge oder der Anstellwinkel beträgt nach Abb. 47 etwa $15 \cdots 20^0$, und zwar werden die Schrägen auf beiden Seiten entgegengesetzt gestellt, damit sich der beträchtliche Seitendruck aufhebt. Die Verzahnung der Fertig- oder Schlichtnadel wird dagegen nach Abb. 48 rechtwinklig zur Schneideebene stehend ausgeführt. Nach diesen allgemeinen Angaben werden nun im folgenden die einzelnen Abschnitte der Nadel besprochen.

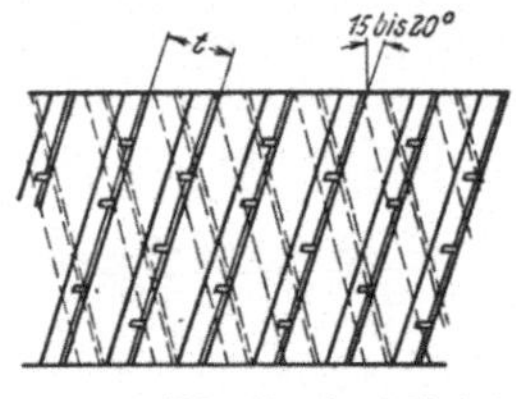

Abb. 46. Vorschub bei Rechtecksatznadeln.

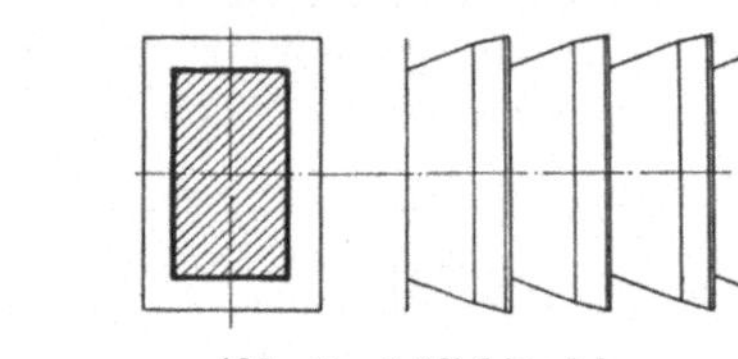

Abb. 47. Anstellwinkel.   Abb. 48. Schlichtnadel.

15. Der Räumnadelschaft wird $0,5 \cdots 1$ mm schwächer gehalten als das vorgebohrte Loch des Werkstückes. Bei Befestigung der Nadel durch Keil muß der Schaft gut in die Futterhülse passen, da sonst die Nadel schiefgestellt und zerbrochen werden kann. Zweckmäßig ist es, die Rundschäfte zu normen, damit die Anzahl der Hülsen beschränkt bleibt. Der schwächste Querschnitt ist am Keilloch bzw. an der Mitnehmerfläche; er muß auf Zugbeanspruchung nachgerechnet werden, wobei die ungünstigsten Verhältnisse anzunehmen sind.

Tabelle der Zerspanungskraft in Kilogramm für 1 mm² Querschnitt.

Werkstoff	a_1	a_2
Weicher Guß . . } Grauguß . . . . }	$60 \cdots 100$	$4,5 \cdots 6\ \sigma_B$
Harter Guß . . . Temperguß . . . } Stahlguß . . . . }	$90 \cdots 130$	$4,5 \cdots 6\ \sigma_B$
Flußeisen . . . . } Weichstahl . . . } S.-M.-Stahl . . . }	$110 \cdots 170$	$2,5 \cdots 3,2\ \sigma_B$
S.-M.-Stahl . . . } Nickelstahl . . . } Werkzeugstahl . }	$160 \cdots 240$	$2,5 \cdots 3,2\ \sigma_B$
Rübelbronze . . } Phosphorbronze . } Stahlbronze . . . } Deltametall . . . }	$50 \cdots 100$	—

Bedeutet

$q =$ den Spanquerschnitt in mm² für 1 Zahn,

$n_{max} =$ die größte gleichzeitig in Eingriff stehende Zähnezahl,

$F_m =$ den Querschnitt des Mitnehmers in mm²,

$a =$ die für den mm² Spanquerschnitt notwendige Zerspanungskraft (der beistehenden Tabelle zu entnehmen),

$k = 1,1 \cdots 1,3$ einen Faktor, der die Reibung der Nadel an der Lochwandung mit $10 \cdots 30^0/_0$ berücksichtigt,

so ist die Beanspruchung σ_z des Mitnehmerteiles

$$\sigma_z = k \frac{a\, q\, n_{max}}{F_m} \text{ in kg/mm}^2.$$

Es ist zu beachten, daß die Schnittkraft bei gleichem Spanquerschnitt und gleichem Werkstoff veränderlich ist, und zwar ist sie um so größer, je dünner der einzelne Span ist. Es wird also für dicke Späne ein kleinerer und für dünne Späne ein größerer Wert a einzusetzen sein. Die Werte a_1 geben die Schnittkraft allgemein, die Werte a_2 in Abhängigkeit von der Bruchfestigkeit σ_B an.

16. Die Führung an der Räumnadel ist mindestens so lang zu wählen wie das längste zu räumende Loch. Dabei ist zu berücksichtigen, daß ständig der erste Zahn der Räumnadel mit zur Führung gerechnet wird. Das ist notwendig, um ein etwa zu eng gebohrtes Loch bereits vor dem Räumen zu bemerken. Solche Werkstücke könnten sich sonst auf der Nadel festfahren, eine Folge der auftretenden zu großen Reibung. Werkstück und Räumnadelführung sollen mit Laufsitz ineinanderpassen, damit jede Behinderung beim Aufstecken vermieden wird. Bei Satznadeln soll die Führung jeder folgenden Nadel ebenfalls mit Laufsitz in die vorher geräumte Bohrung passen.

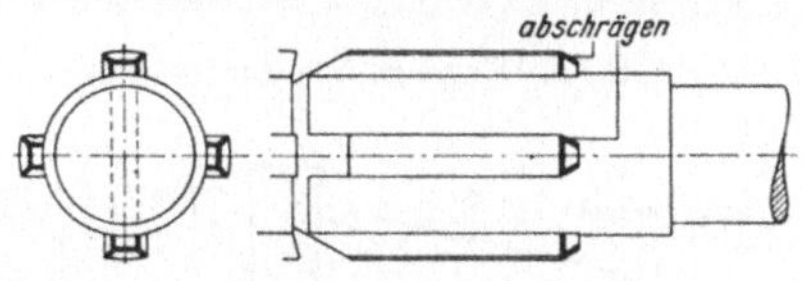

Abb. 49. Ausbildung der Führung.

Bei Mehrnutennadeln und ähnlichen rundet oder schrägt man die Führung vorteilhaft nach Abb. 49 ab, damit das Werkstück leicht aufgesteckt werden kann.

17. Ölkanäle und andere Sonderanordnungen. Für Löcher von großer Länge ist ganz besonders gute Kühlung erforderlich. Bei genügend großem Kernquerschnitt der Nadel ist diese zu durchbohren und das Ende des Loches mit einem Schnellverschluß nach Abb. 50 versehen. Damit das eingeführte Öl nicht umherspritzt, wird an der Maschine ein Schutzblech angebracht.

Läßt dagegen der Querschnitt die Anordnung von Ölkanälen nicht zu, so kann durch entsprechende Vermehrung der Anzahl der Nadeln Abhilfe geschaffen werden. Dann ist vor jedem Zug in die Bohrung genügend Öl einzubringen und die Nadel beim Eintritt ins Werkstück nochmals gründlich zu benetzen. Das Räumverfahren wird dadurch natürlich weniger

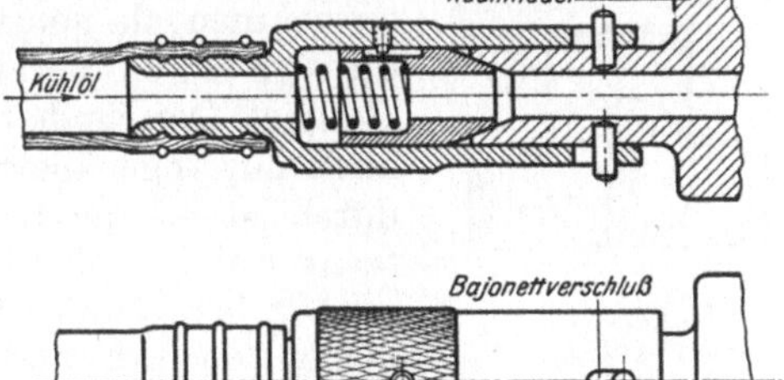

Abb. 50. Schnellverschluß für Ölzuführung.

wirtschaftlich, und es ist zu prüfen, ob ein anderes Herstellungsverfahren billiger ist.

Flachnadeln mit geringem Kernquerschnitt führt man vorteilhaft mit versetzten Zähnen aus (Abb. 51). Dadurch wird der Querschnitt etwas verstärkt.

Auch die Schrägverzahnung in Abb. 47 für Flach-nadeln trägt wesentlich zur Verstärkung des tragen-

Abb. 51. Versetzte Zähne.

den Querschnittes mit bei, weshalb besonders bei schwachen Nadeln die Zähne schräg gestellt werden sollen. Die Schrägverzahnung ergibt sehr saubere Schnitte, da hierbei der Werkstoff gewissermaßen abgeschält wird, weil die Zähne durch den Anstellwinkel besser in das Material eindringen können.

Vierkantnadeln werden so ausgeführt, daß die errechnete oder sonstwie bestimmte Teilung dort vorhanden ist, wo die Zerspanung stattfindet, nämlich in den Ecken. Die Schneidenwinkel müssen ebenfalls an diesen Stellen vorhanden sein. Die nur zur Führung dienenden Seiten der Vierkante sind zweckmäßig nicht parallel zur Achse anzunehmen, sondern vielmehr mit ganz schwachen Rückenwinkeln zu versehen, damit durch diese Anordnung die Seiten leicht geglättet werden.

Beim Räumen von Arbeitsstücken mit kegeliger Vierkantbohrung (Abb. 52) verfährt man wie folgt: Die kegelige Bohrung wird so weit vorgearbeitet, daß das Maß über die Flächen gemessen bereits um einige Zehntel überschritten wird. Es ist dann nach dem Fertigräumen die Rundung noch zu sehen. Da eine kegelige Form dieser Art in 4 Zügen hergestellt werden muß und bei jedem Zug nur eine Ecke mit der Räumnadel Abb. 53 hergestellt werden kann, ist die größere Bohrung unerläßlich. Sie dient zur Aufnahme auf dem runden Kegeldorn, der mit einer Längsnute zur Führung der Nadel versehen ist. Geräumt wird hierbei unter Benutzung einer einfachen Teilvorrichtung, da sonst Ungenauigkeiten im Werkstück auftreten.

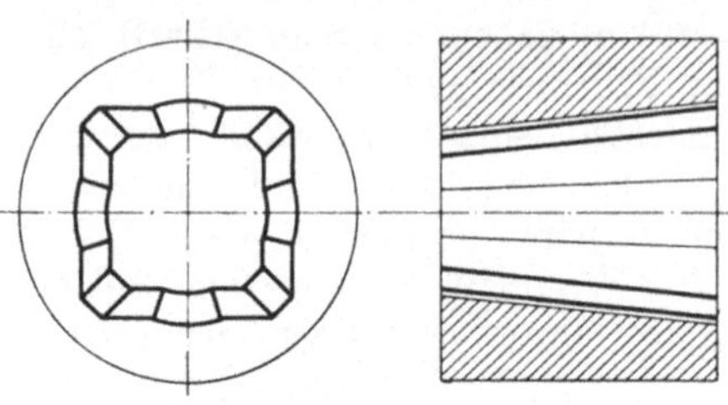
Abb. 52. Kegelige Vierkantbohrung.

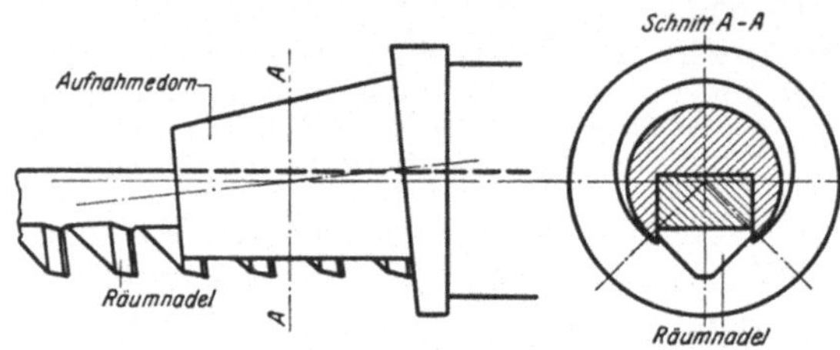

Abb. 53. Herstellung des kegeligen Vierkantes.

Bei der Konstruktion der Nadeln ist bei allen stark unsymmetrischen und unregelmäßigen Formlöchern auf den Schwerpunkt des Querschnittes möglichst Rücksicht zu nehmen, da sonst beim Räumen Schwierigkeiten auftreten, die sich durch Verbiegen der Nadel zeigen. Abb. 54 zeigt ein Beispiel. Der runde Schaft ist hier so angeordnet, daß er, wenn auch nur angenähert, im Schwerpunkt der Endform liegt. Dadurch ist bei der Bearbeitung vom runden Loch aus eine einfache Führung der Nadel geschaffen.

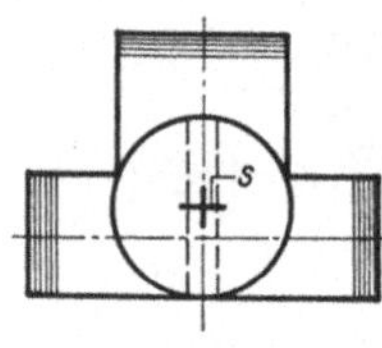

Abb. 54.
Schwerpunktslage.

Um bei Räumnadeln, die zur Herstellung runder Bohrungen dienen, das Abwandern zu unterbinden, werden zwischen den Zähnen nochmals Führungen angeordnet. In Abb. 55 sind die Zähne in Gruppen von 3···6 Stück je nach Länge der Bohrung unterteilt, und zwischen je zwei Gruppen befindet sich die Führung. Diese erhält denselben Durchmesser wie der vorhergehende Zahn und ist sauber und genau auszuführen. Damit nicht kleine Späne zwischen

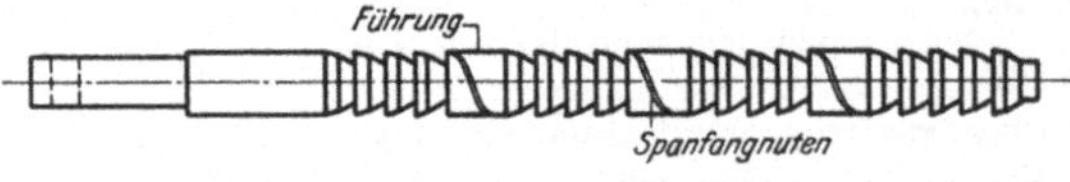

Abb. 55. Zwischenführungen.

Lochwand und Räumnadelführung kommen und dadurch die Bohrung beschädigen, sind flache, schmale Spanfangnuten spiralig anzuordnen. Die Steigung der Spirale ist dabei gleich der Führungslänge.

Die Ölkanäle, die bei Werkstücken größerer Länge erforderlich werden, bohrt man schräg ein (Abb. 56). Es wird dadurch der Kernquerschnitt der Nadel weniger geschwächt, als wenn die Ölkanäle rechtwinklig zur Achse der Nadel eingebohrt würden. Bei Räumnadeln, die durch Dreharbeit geformt werden, genügt es, wenn in jedem Schneidring nur ein Ölloch gebohrt wird, denn das unter Druck eingeführte Öl durchläuft den als Ringkanal wirkenden Spanraum und benetzt dadurch die Schneiden genügend. Versetzen der Schmierkanäle von

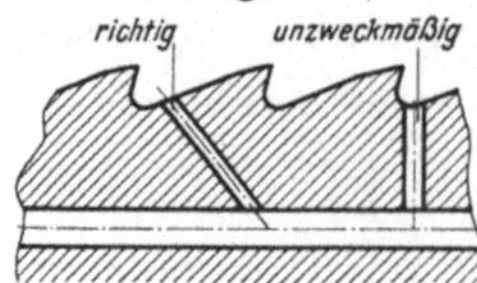

Abb. 56. Ölkanäle.

Zahn zu Zahn um einen beliebigen Zentriwinkel wirkt günstig auf den Gesamtquerschnitt der Nadel.

B. Die Verzahnung der Räumnadel.

18. Allgemeines über die Verzahnung. Die Verzahnung einer Räumnadel ist abhängig von der Länge des zu räumenden Loches und von der Beschaffenheit des Werkstoffes. Bei der Konstruktion einer Nadel bestimmt man zuerst die Teilung oder den Zahnabstand, wofür im nächsten Abschnitt eine allgemeingültige Formel gegeben ist. Dann wird die erfahrungsgemäß zulässige Steigung oder der Vorschub gewählt, und nun läßt sich durch einfache Rechnung die Zähnezahl ermitteln, ebenso die Gesamtlänge des Schneidenteiles. Dabei ist zu beachten, daß für das Nadelende einige Kalibrierzähne hinzugerechnet werden müssen. Nun kann man sehen, ob die Räumnadel nicht eine übermäßige Länge bekommt, die nicht erwünscht ist, weil sowohl beim Härten als auch beim Arbeiten auf der Räumnadelziehmaschine Schwierigkeiten auftreten können, die besser durch Unterteilung der schneidenden Länge vermieden werden. Daraus ergeben sich oft zwei und mehr Nadeln, was zwar nicht immer billiger ist, dafür aber um so sicherer. In der Regel ist die Länge der Nadel ein bestimmtes, durch den Hub der Maschine begrenztes Maß. Bei Räumnadelsätzen sind nur die jeweils letzten Nadeln mit Kalibrierzähnen zu versehen. Abb. 57 zeigt die Querschnitte eines dreiteiligen Räumnadelsatzes für ein Vierkantloch mit abgerundeten Ecken. Es ist hieraus auch zu ersehen, daß die Führung der Nadel schwächer als das vorhergehende Ende ist.

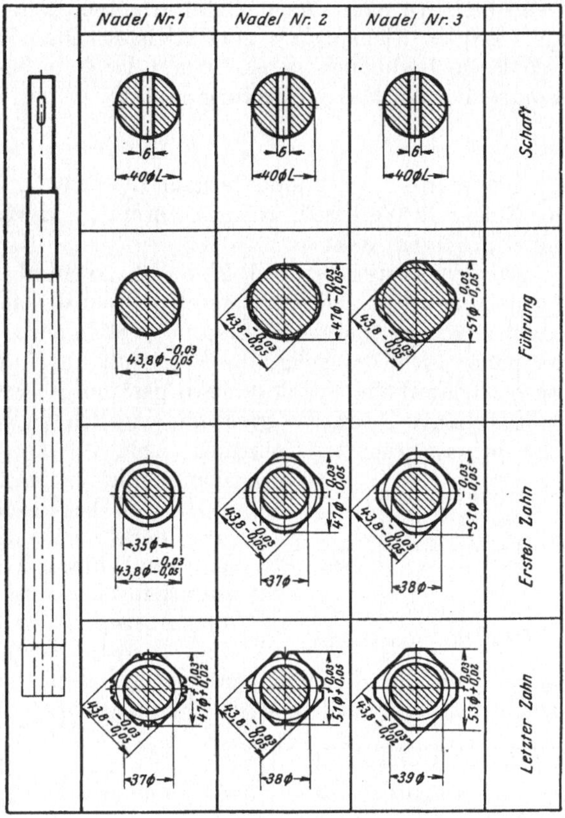

Abb. 57. Beispiel eines Vierkantnadelsatzes.

Der bisher angegebene Rechnungsgang führt oft mit dem ersten Ergebnis nicht zum Ziel. Man erkennt gewöhnlich bei der Bestimmung der Zahnform nicht, ob der entstehende Spanraum groß genug ist, um die abgehobenen Späne eines Zuges in sich aufzunehmen. Oft muß, in der Hauptsache bei dünnen Räumnadeln, die Teilung vergrößert werden, weil sonst der Kernquerschnitt zu klein wird und die Zugbeanspruchung nicht aushalten kann. Dadurch wird die Gesamtlänge der Nadel anders und das erste Rechnungsergebnis ist hinfällig. Umgekehrt kann aber bei genügend starkem Kernquerschnitt der Nadel durch Verkleinerung der Teilung und entsprechender Vergrößerung der Zahnhöhe an Räumnadellänge gespart werden, was oft große Ersparnisse an Nadelwerkstoff und Stückzeit bringt. In bezug auf Teilung und Zahnhöhe sind alle Veränderungen erlaubt, denn bestimmte Werte gibt es nicht. Die Hauptsache ist und bleibt die hemmungslose Aufnahme der gesamten ausfallenden Späne in den Spankammern, die mit allen vernünftigen Mitteln erreicht werden muß.

19. Teilung der Räumnadel. Bedingung ist, daß mindestens zwei Zähne im Eingriff stehen. Für Ausnahmefälle ist es zulässig, nur einen Zahn ständig arbeiten zu lassen, und zwar dann, wenn es sich um ganz kurze Bohrungen handelt. Dann ist in der weiter unten angeführten Weise zu verfahren. Besser ist es natürlich, wenn mehrere Zähne gleichzeitig arbeiten, denn dann ist größere Sauberkeit und auch größere Genauigkeit gewährleistet. Man hat deshalb die Teilung t von der Lochlänge L abhängig gemacht und damit bisher gute Ergebnisse erzielt. Die bekannte Formel für die Teilung lautet:

$$t = 1{,}5 \text{ bis } 2\sqrt{L}.$$

Die Werte $1{,}5\cdots2$ sind je nach Werkstückbeschaffenheit zu wählen. Ist der zu räumende Werkstoff weich, so nimmt man einen kleineren, ist er dagegen hart, einen größeren Wert.

Zähe Werkstoffe, wie S.-M.-Stahl, Ni-Stahl, haben guten Spanfluß, denn die Späne rollen sich meist zusammen. Deshalb ist die kleinere Teilung der Räumnadel zulässig. Spröde Werkstoffe, wie Bronze, Grauguß und einige Stahlsorten, zerspanen sich bröckelig, deshalb muß der Zahnabstand etwas größer gewählt werden, damit die Spankammern geräumiger werden.

Als Länge L ist die gesamte, wirklich zu räumende Lochlänge zu rechnen, also bei ausgesparter Bohrung (Abb. 59) $L = l_1 + l_2$ zu setzen. Dies ist für

Abb. 58. Spanbildung.

Späne, die beim Abheben „Locken" bilden, besonders zu beachten, denn bei durchgehender Bohrung bildet sich nur eine einzige Rolle, die entsprechend kurze Teilung, dafür aber größere Spanraumtiefe erfordert (Abb. 58); ist dagegen die Bohrung ausgepart, so bilden sich zwei Spanrollen, die eine größere Teilung notwendig machen. Dafür kann dann die Zahnhöhe geringer gehalten werden. In Abb. 59 ist die Lage der beiden Spanlocken in der Spankammer angegeben.

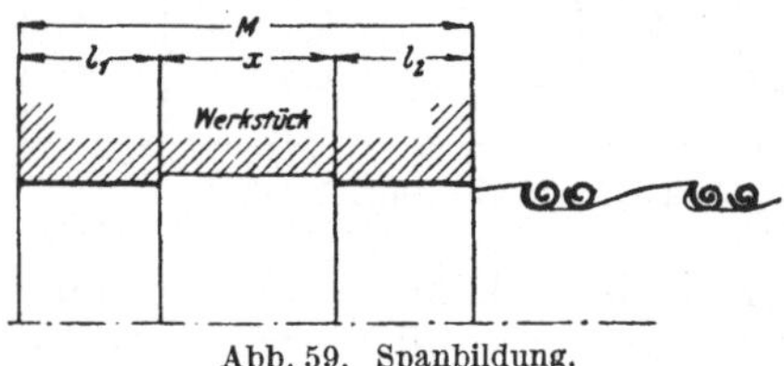

Abb. 59. Spanbildung.

Die Teilung der Nadel kann bei kurzen Bohrungen aus praktischen Gründen nicht unter ein gewisses Maß gebracht werden. In solchen Fällen hilft man sich durch Vergrößerung der Teilung und räumt gleichzeitig mehrere Werkstücke. An einem einfachen Beispiel soll diese Veränderung gezeigt werden. Wie bereits früher schon angegeben, muß ständig mindestens ein Zahn im Eingriff stehen, weil sonst das Werkstück bei Austritt des Zahnes aus der Bohrung zwischen die Schneiden fällt und diese beschädigt. Hieraus ergibt sich für das Werkstück Abb. 60 mit 3 mm Räumlänge ohne Benutzung der Teilungsgleichung eine Räumnadelteilung von $t \leq 1{,}5$ mm, die sich natürlich ihrer Kleinheit wegen nur schwer herstellen ließe. Hier ist die Teilung auf das Mehrfache zu vergrößern, und bei jedem Zuge sind zwei Arbeitsstücke zu räumen, die unter Zwischenlegen einer Paßhülse auf einen Dorn gesteckt

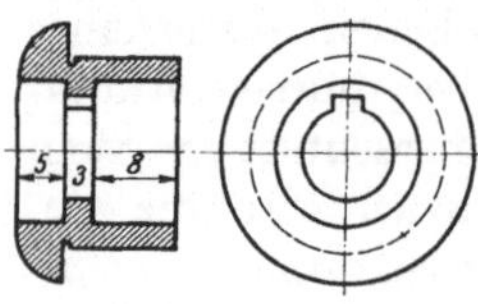

Abb. 60. Kurze Bohrung.

werden (Abb. 61). Durch diese Art Führung von Räumnadel und Werkstück kann man sich in den meisten Fällen gut helfen.

Um nachprüfen zu können, ob auch wirklich ständig ein Zahn arbeitet, bedient man sich des nachstehend beschriebenen, einfachen Verfahrens, das jede umständliche Rechnung vermeidet. Das Werkstück Abb. 62 habe eine Räumlänge von nur 3,6 mm, so daß also auch wieder zwei Teile gleichzeitig zu räumen sind, die zweckmäßig in der angegebenen Art aufeinandergelegt werden. Man zeichnet nun die Werkstücke in dieser Stellung schematisch auf, möglichst vergrößert (Abb. 63). Auf einen Papierstreifen wird die dann gewählte Teilung im selben Maßstab aufgerissen, und so, den wirklichen Verhältnissen entsprechend, an der Werkstückskizze entlang gefahren. Wenn dabei der Fall eintritt, daß beide Zähne zugleich, und zwar etwa der eine bei A und der andere bei B aus dem Werkstück heraustreten,

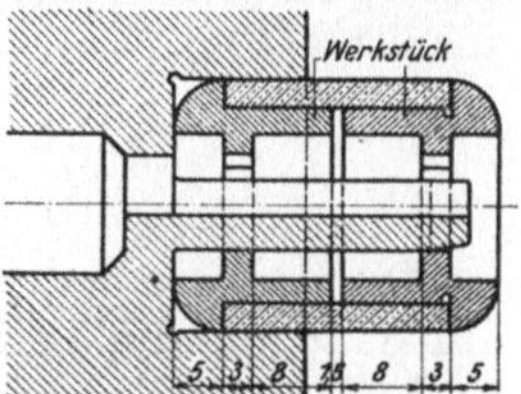

Abb. 61. Räumen kurzer Bohrungen.

dieses also dadurch in die Spankammern fallen kann, so muß die Teilung verbessert werden. Dieses Verfahren führt rascher zum Ziel als jede rechnerische Untersuchung, die umständlich und langwierig ist.

Um beim Räumen Rattermarken zu vermeiden, wird die Teilung ungleichmäßig ausgeführt. Eine Räumnadel mit genau gleicher Teilung erzeugt Schwingungen. Tritt z. B. ein Zahn aus dem Werkstück heraus, so wird die Maschine etwas entlastet; der nächste nun eintretende Zahn nimmt also seine Arbeit mit vergrößerter Geschwindigkeit auf. Hierdurch entsteht ein Stoß, durch den die Ge-

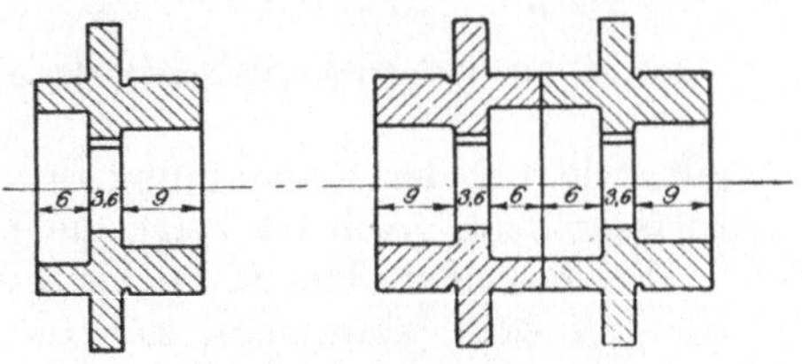

Abb. 62. Überprüfung des Zahneingriffs.

schwindigkeit der Maschine wieder verringert wird. Sind dabei die Zahnabstände genau gleich groß, so wiederholen sich die Stöße immer im gleichen Zeitraum und an derselben Stelle des Werkstückes, erzeugen dadurch die Schwingungen, die sich nach ganz kurzer Laufstrecke der Räumnadel bereits so verstärken, daß sie als Erschütterungen fühlbar werden. Durch diese aber wird die Bohrung unsauber, d. h. es sind Rattermarken auf der bearbeiteten Fläche zu sehen, die die Güte der Werkstücke beeinträchtigen. Durch geringe Teilungsunterschiede werden diese Schwingungen unterbrochen, so daß die Ratter-

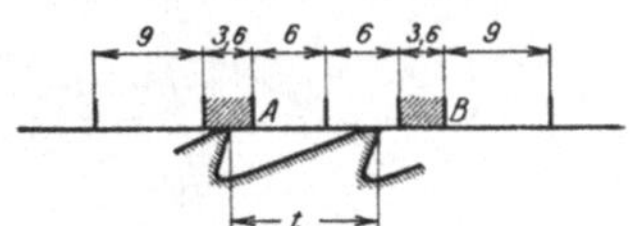

Abb. 63. Zeichnerische Überprüfung.

markenbildung unterbleibt. Dieselben Verhältnisse finden sich bekanntlich beim Reiben, wo ebenfalls durch ungleiche Teilungswinkel der Reibahlenzähne die Bildung von Rattermarken unterbunden wird.

Es genügt, wenn die Teilung der Nadel von Zahn zu Zahn um $0,1 \cdots 0,5$ mm wächst, und zwar je nach ihrer Größe. Dabei ist es nur notwendig, diese Zunahme der Teilungslängen auf die größte in Eingriff befindliche Zähnezahl auszudehnen. Darauf kann mit derselben Anzahl der Zähne das Spiel wiederholt werden.

Für eine Lochlänge von 80 mm mit der größten gleichzeitig arbeitenden Zähnezahl von 6 ist die Teilung beispielsweise auszuführen:

Teilung	1	2	3	4	5	6	7	8	
mm	13,5	13,6	13,7	13,8	13,9	14,0	13,5	13,6	usw.

Es genügt auch schon, die Teilungsänderung auf Gruppen von nur je 3 Zähnen anzuwenden, wodurch die Herstellung der Nadel vereinfacht wird.

20. Die Zahnhöhe ist ebenfalls abhängig von der Beschaffenheit des Werkstoffes und von der Räumlänge. Wie bereits kurz angeführt, wählt man bei größeren Teilungen geringere Zahnhöhe und umgekehrt. Dabei ist natürlich Voraussetzung, daß der verbleibende Kernquerschnitt der Räumnadel die auftretende Zugbeanspruchung aushalten kann. Diese ist nachzuprüfen. Durch entsprechendes Einsetzen der Werte ergibt sich die Beanspruchung des Räumnadelkernquerschnittes F_k zu

$$\sigma_z = k\,\frac{a\,q\,n_{max}}{F_k}\ \text{in kg/mm}^2.$$

Die Bedeutung der Buchstaben ist dabei genau die gleiche, wie in der Gleichung auf S. 26 für die Berechnung des Nadelschaftes.

Für F_k ist der kleinste vorhandene Kernquerschnitt einzusetzen, der theoretisch zwischen dem ersten Zahn und der Führung liegt.

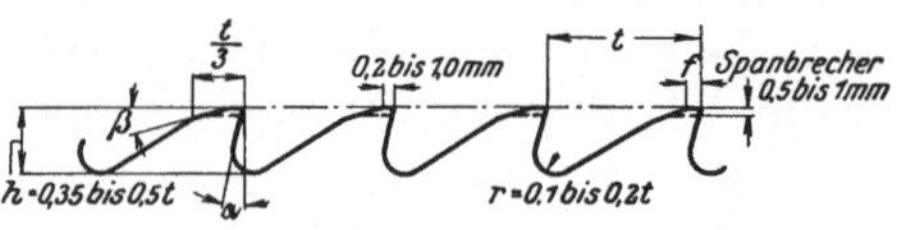

Abb. 64. Zahnabmessungen bei Normalteilung.

Die Zahnhöhe h (Abb. 64) berechnet sich zu:

$$h = 0,35 \cdots 0,5\,t,$$

worin t die Teilung der Räumnadel bedeutet. Für genügend starke Räumnadeln gibt dieser Wert gute Zahnform. Auch hier gilt, wie bei der Bestimmung der Teilung, daß alle vernünftigen Abänderungen zulässig sind. Abb. 64 zeigt die Form normaler Zähne.

Bei besonders langen Löchern, bei denen die Beanspruchung des Nadelkernes zu groß wird, kann man sich durch Verminderung der Anzahl der im Eingriff stehenden Zähnezahl helfen. Hier kann als Regel gelten:

Arbeitet die Räumnadel unter sehr günstigen Kühlungsverhältnissen, so geht man mit der gleichzeitig im Eingriff stehenden Zähnezahl nicht über 8 Zähne. Dabei ist angenommen, daß das Kühlmittel bereits durch den Kern der Nadel geführt wird und unmittelbar an die Schneiden gelangt.

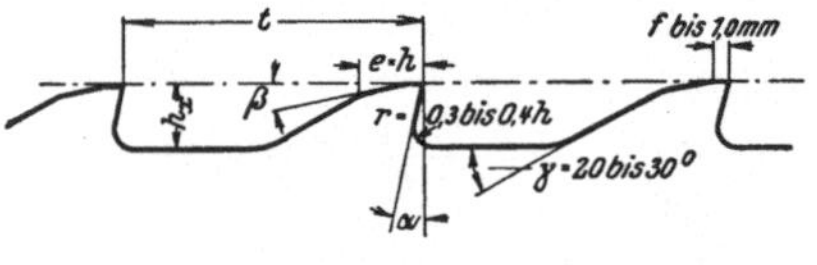

Bei gewöhnlicher Aufschlagkühlung ist es notwendig, nicht über 6 Zähne zu gehen, da sonst die von jedem Zahn mitgenommene Ölmenge nicht ausreicht, diesen zu kühlen. Hier muß dann durch Vergrößerung der Teilung mit entsprechender Verringerung der Zahnhöhe

Abb. 65. Zahnabmessung bei langen Teilungen.

ein Ausgleich geschaffen werden. Es verändert sich dann natürlich die Länge des Schneidenteiles. Besonders große Teilung ist nach Abb. 65 auszuführen, und bei durchgehender Bohrung, wenn also mit einer einzigen Spanlocke zu rechnen ist, die Spanbildung nötigenfalls noch künstlich zu unterbrechen, so daß sich Späne nach Abb. 66 bilden. Das geschieht durch Veränderung der Schnei-

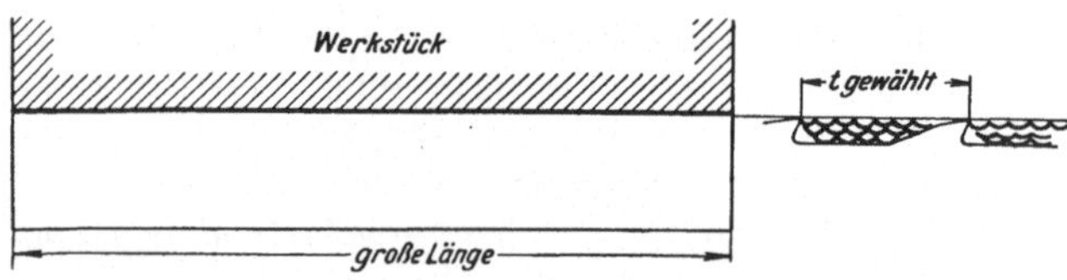

Abb. 66. Spanbildung bei verändertem Schneidenwinkel.

denwinkel, deren Größe durch einen im Abschnitt 23 angegebenen Versuch leicht ermittelt werden kann.

21. Der Spanwinkel (Brustwinkel) ist ganz von der Beschaffenheit des Werkstoffes abhängig. Bewährte Ausführungen haben die in nachstehender Tabelle angegebenen Spanwinkel α ergeben (s. Abb. 64 und 65).

Durch das bereits erwähnte, weiter unten angegebene Verfahren können die Winkel ganz genau ermittelt werden.

Werkstoff	Spanwinkel α
Bronze, Rotguß, Deltametall.	$2^0 \cdots 4^0$
Grauguß, Temperguß, Stahlguß, Aluminium	$0^0 \cdots 4^0 \cdots 7^0$
S.-M.-Stahl hart, Nickelstahl, Werkzeugstahl . . .	$13^0 \cdots 15^0$
S.-M.-Stahl weich, Flußeisen	$15^0 \cdots 17^0$

22. Die Führungsfase dient zur Führung des Zahnes auf dem Werkstoff während der Zerspanung. Auch soll durch sie die Nadel nicht so schnell an Maßhaltigkeit verlieren, wenn durch Schleifen der Zahnbrust (Spanfläche) nachgeschärft werden muß. Die Breite b der Führungsfase (s. Abb. 64 und 65) wird zweckmäßig der nachstehenden Tabelle entnommen:

Teilung t mm	Fasenbreite f mm	Teilung t mm	Fasenbreite f mm
bis 6	0,2	über $18 \cdots 30$	0,8
über $6 \cdots 10$	0,3	über $30 \cdots 50$	1,0
über $10 \cdots 18$	0,5		

Auch darüber hinaus soll größere Fasenbreite nicht angewendet werden, damit die Reibung an den Lochwänden nicht unnötig vergrößert wird.

23. Der Freiwinkel (Rückenwinkel) ist auch am besten durch einen praktischen Versuch zu bestimmen (s. weiter unten). Günstige Freiwinkel β sind für Bronze und Guß $3 \cdots 4^0$, für Stahl $4 \cdots 7^0$.

Die bisher gemachten Angaben über die Schneidenwinkel α und β und die Fasenbreite f sind allgemeiner Natur. Da bei der Verschiedenheit der Werkstoffe, sowohl der Werkstücke als auch der Räumnadeln, die Möglichkeit von Fehlschlägen besteht, so ist es gut, die Schneidenwinkel durch Versuche zu überprüfen. Die Festigkeit des Werkstoffes allein genügt nicht, um den Zerspanungsvorgang richtig beurteilen zu können. Hauptsächlich sind es Härte, Dehnung und Zähigkeit der Werkstoffe, die die Spanbildung beeinflussen. Da nun aber, so kann man getrost behaupten, bei der ungeheuern Anzahl von Stahlsorten eine genaue Kenntnis und Beurteilung dieser Eigenschaften kaum möglich ist, so ist es geradezu eine Notwendigkeit, durch einen Versuch die richtigen Werte zu bestimmen. Für diesen Versuch sind erforderlich:

1. Ein Stück des Werkstoffes, aus dem das Werkstück besteht.

2. Ein Stück des Werkstoffes, aus dem die Nadel angefertigt werden soll.

3. Eine Shaping- oder Hobelmaschine oder sonst eine für ziehenden Schnitt geeignete Maschine.

Zu 1: Die Länge des Probewerkstoffes ist vorteilhaft dieselbe wie die des fertigen Werkstückes, so daß der sich bildende Span nicht nur die Bearbeitbarkeit, sondern auch die Größe der sich bildenden Locke erkennen läßt. Der Werkstoff muß so gelegt werden, daß seine Faser in derselben Richtung zur Schneide liegt wie beim Räumen; andernfalls ist das Ergebnis ungenau oder überhaupt nicht brauchbar. Auch muß eine den wirklichen Verhältnissen entsprechende Fläche geschaffen werden.

Zu 2: Das Werkstoffstückchen der Räumnadel wird so vorgeschmiedet, daß es in das Stichelhaus der Maschine gut hineinpaßt. Es ist mit einer genau den

gewählten Verhältnissen entsprechenden Schneide zu versehen. In Abb. 67 ist
ein solcher Versuchsstahl abgebildet. Die Breite b der Schneide muß der wirklichen Schneidenbreite entsprechen, z. B. bei einer Nutennadel genau der Zahnbreite oder bei einer Rundnadel genau der Bogenlänge zwischen zwei Spanbrechernuten.

Zu 3: Die Arbeitsgeschwindigkeit wird genau den wirklichen Verhältnissen
angepaßt, was leicht zu erreichen ist.

Sind alle diese Arbeiten vorbereitet, was in ganz kurzer Zeit ohne große Kosten
geschehen kann, so wird nach Abb. 68 der Versuch durchgeführt. Die Zustellung
der Spanstärke von Hand er-
fordert eine gewisse Geschick-
lichkeit, die man sich aber sehr
schnell aneignet. Richtige Be-
obachtung des Zerspanungs-
vorganges ist Bedingung. Die
Schmierung der Schneide muß
ungefähr den Räumverhältnis-
sen entsprechen. Verschiedent-
liche Veränderung der Schneidenwinkel wird bald zum ge-

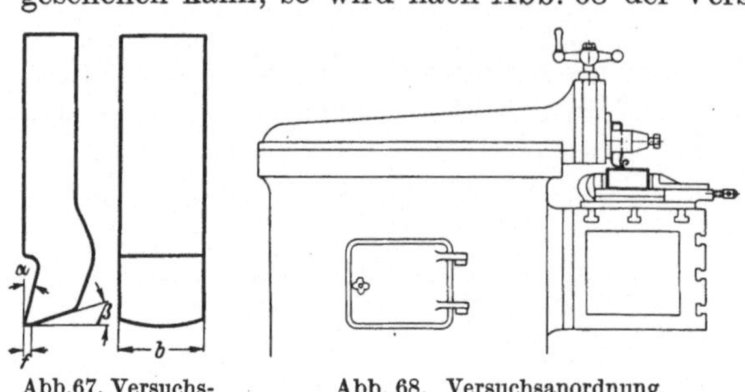

Abb. 67. Versuchs-
schneide.
Abb. 68. Versuchsanordnung.

wünschten Ergebnis führen. Mit Hilfe dieses Versuches ist es möglich, alle erreichbaren Spanformen hervorzubringen, was für die Anfertigung der Räumnadel un-
gemein wichtig ist. Man spart hierdurch viel Mühe, Arbeit und Verdruß.

24. Die Abrundung des Zahnes am Fuße ist nach Abb. 64 für normale Teilung
anzunehmen mit:
$$r = 0,1 \cdots 0,2\, t.$$

Für lange Zahnteilung bezieht man die Abrundung auf die Zahnhöhe und macht
sie nach Abb. 65:
$$r = 0,3 \cdots 0,4\, h.$$

Dabei ist zu beachten, daß die kleineren Werte für Guß und bröckelig spanenden
Werkstoff, die größeren Werte für in Locken spanenden Werkstoff gewählt werden.
Ferner nimmt man für Räumnadeln mit geringerem Kernquerschnitt größere,
für Nadeln mit genügend großem Querschnitt kleinere Radien. Unter allen
Umständen vermeide man scharfeckige Ausarbeitung, denn diese führt stets zum
Bruch der Nadel, mindestens aber zum Ausbrechen der Zähne.

25. Die Zahnrückenlänge ist nach Abb. 64 auszuführen mit
$$C = t/3.$$

Bei besonders großer Teilung ist auch die Rückenlänge auf die Zahnhöhe bezogen, und zwar nach Abb. 65 mit $e = h$.

Wollte man die Zahnform auf gleiche Biegefestigkeit für alle Querschnitte
des Zahnes berechnen, so würde man auf die Parabelform, bezogen auf die Brustfläche als Achse kommen. Da die Herstellung der Nadel dann sehr erschwert
würde, so hat man mit Hilfe der obigen Werte die Parabel angenähert festgelegt.

26. Das übrige Rückenstück kann entweder vorstehender Erläuterung gemäß
als Kreisbogen ausgebildet sein, es kann aber auch der besseren Bearbeitung
wegen als Schräge angenommen werden. Bei normalen Zähnen ist nach Abb. 64
vom Endpunkt des Schenkels des Freiwinkels aus an den Abrundungsradius
entweder ein großer Kreisbogen oder eine Tangente zu legen, wodurch gute Zahnform erreicht wird. Bei langen Teilungen wendet man vorteilhaft eine Gerade
unter einem Winkel von
$$\gamma = 20 \cdots 30^0\ \text{an.}$$

27. Steigung der Nadel. Unter Steigung einer Nadel versteht man den Maßunterschied des ersten und letzten Schneidzahnes. Diese Steigung ist meist durch die Abmessungen des fertigen Loches und den Durchmesser des vorgebohrten oder sonstwie vorbearbeiteten Loches gegeben. Dividiert man den Maßunterschied durch die Spanstärke, so ergibt sich die Anzahl der Zähne. Von der richtigen Wahl der Spanstärke hängt also auch diejenige Länge der Räumnadel ab, die in erster Linie berücksichtigt werden muß.

Weiter ist die Spanbreite ausschlaggebend. Da das Produkt aus Spanbreite und Spanstärke den Spanquerschnitt ergibt, dieser aber für die Berechnung des Räumnadelkernquerschnittes maßgebend ist, so kann hierauf nur durch Veränderung der Spandicke ein Einfluß ausgeübt werden; denn eine Änderung der Spanbreite ist kaum und in den seltensten Fällen möglich. Bei abnehmenden Spanbreiten, wie z. B. bei Drei- und Vierkantlöchern, kann die Spanstärke bis zu einem gewissen Grade zunehmen, damit der Querschnitt der einzelnen Späne ungefähr derselbe bleibt. Umgekehrt muß die Spanstärke bei zunehmender Spanbreite verringert werden, da sonst in gewissen Fällen, z. B. bei dünnen Werkzeugen, diese überlastet werden und reißen.

Bei der Festlegung der Spanstärke kommt dann ferner noch die Art des zu zerspanenden Werkstoffes in Betracht. Für Guß ist die Spanstärke größer zu nehmen als für weichen Stahl. Harter oder spröder Stahl erfordert ebenfalls größeren Vorschub. Zäher Stahl ist dagegen besser in dünnen Spänen abzuheben.

Unter Beachtung des oben Angeführten wählt man die Spanstärke oder den Vorschub in den Grenzen.

$$s = 0{,}01 \cdots 0{,}2 \text{ mm} .$$

Den Span schwächer zu halten als angegeben, ist nicht zu empfehlen, denn dann besteht die Möglichkeit, daß ein Zahn zufolge der geringen Angriffstiefe überhaupt nicht schneidet, sondern den Werkstoff beiseite drückt. Der nachfolgende Zahn aber muß den stehengebliebenen Werkstoff noch mit wegnehmen, was eine Überbeanspruchung des Zahnes bedeutet und oft zu seinem Bruch führt. Wird der Span aber stärker als angegeben angenommen, so leidet die Sauberkeit des Schnittes.

Ist die Teilung und die Anzahl der Zähne, also die Gesamtlänge der Räumnadel, gegeben, so kann durch einfache Rechnung die Spanstärke nachgeprüft werden. Falls diese sich als zu groß oder zu klein erweist, muß durch Vermehrung oder Verminderung der Zähnezahl Abhilfe geschaffen werden. Die sich hieraus ergebende Änderung der Gesamtlänge der Nadel ist dabei zu beachten. Man geht bei der Bestimmung der Nadellänge nicht über ein gewisses, durch den Hub der Maschine bedingtes Maß hinaus. Vorteilhaft wählt man die Länge nicht über 1 m, da sich sonst Schwierigkeiten beim Härten und auch beim Arbeiten mit der Räumnadel ergeben, die durchaus vermieden werden müssen.

Sind mehrere Nadeln für ein Loch erforderlich, so wird nur die letzte mit Schabe- und Glättzähnen ausgeführt.

28. Die Kalibrierzähne entsprechen in der Teilung und Zahnhöhe den übrigen Schneidzähnen, die Schneidwinkel sind jedoch andere. Sie sind, wie unter „Glätt- und Schabenadeln" (S. 37) ausgeführt, zu wählen. Der Einfachheit halber werden die Kalibrierzähne auch in der Form den Schneidzähnen nachgebildet, jedoch muß der Freiwinkel β (Rückenwinkel) unter allen Umständen verändert werden, da nur hierdurch schabende Wirkung erzielt wird.

Zum Kalibrieren werden benötigt: $4 \cdots 6$ Zähne.

Diese sind einer wie der andere zu bemessen. Dadurch wird einmal eine Sicherheit für genaues Passen des Formloches gegeben, außerdem wird die Lebensdauer der Nadel bedeutend verlängert. Würde man nur einen Zahn mit dem Genaumaß ausführen, so wäre die Nadel nicht mehr verwendbar, sobald dieser abgenutzt ist. Bei Anordnung mehrerer Genauzähne aber werden diese normalerweise der Reihe nach abgenutzt. Sobald der erste Kalibrierzahn seine Maßhaltigkeit verloren hat, übernimmt der nächstfolgende Zahn dessen Arbeit.

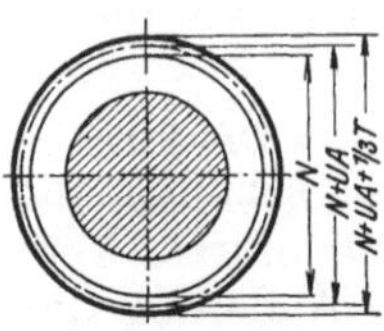

Abb. 69.
Kalibrierzahnbemessung zur Herstellung von Passungen.

Bei der Bemessung der Kalibrierzähne sind nachstehende Angaben zu beachten. Sind Löcher mit irgendeiner „Passung" zu räumen, so werden die Abmessungen der Kalibrierzähne nach Abb. 69 bestimmt.

Es ist das Genauzahnmaß:

$$D = N + UA + \tfrac{1}{3} T .$$

Darin bedeutet: $N =$ das Nennmaß nach DIN 774,
$UA =$ Unteres Abmaß nach DIN 774,
$T =$ die Toleranz nach DIN 774.

Nachstehende Tabelle gibt beispielsweise die Abmessungen der Kalibrierzähne für eine Gruppe Löcher an, die nach dem Rundräumen Grobsitz 3 (g_3) haben sollen:

Durchmesserbereich D mm	Abmaße für g_3: UA und OA mm		Genauzahnmaß $UA + \tfrac{1}{3}T$ mm
bis 6	$+0{,}08$	$+0{,}15$	$+0{,}103$
über 6···10	$+0{,}10$	$+0{,}20$	$+0{,}133$
über 10···18	$+0{,}10$	$+0{,}25$	$+0{,}15$
über 18···30	$+0{,}15$	$+0{,}30$	$+0{,}20$
über 30···50	$+0{,}15$	$+0{,}35$	$+0{,}216$

Die hier angegebenen Werte sind nun noch um ein geringes veränderlich, je nachdem der Werkstoff spröder oder zäher ist. Es empfiehlt sich deshalb, die Genauzähne etwas stärker zu lassen und die endgültigen Abmessungen durch Proberäumen einiger Werkstücke festzustellen. Nacharbeiten mittels Ölstein ist dabei das Hilfsmittel zur Erreichung des Fertigmaßes.

29. Die Spanbrechernuten. Bei Räumnadeln, die breite Schnitte auszuführen haben, sind die auftretenden Zerspanungswiderstände sehr groß. In der Hauptsache rührt dies vom ungünstigen Abfluß breiter Späne her. Hier kann durch Anordnung von Spanbrechernuten Abhilfe geschaffen werden. Dadurch ist die Spanbildung weniger behindert und die Kraftverhältnisse ändern sich günstig. Die Spanbrechernuten werden an den Schneiden der Zähne so angeordnet, daß der Werkstoff dadurch in verschiedenen Streifen abgehoben wird.

Aus Abb. 70 ist zu ersehen, daß die eingearbeiteten Nuten von Zahn zu Zahn versetzt sind, so daß der von der Spanbrechernute stehengelassene Werkstoff vom

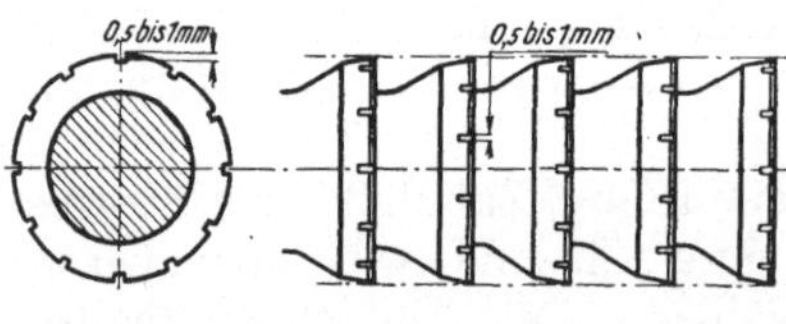

Abb. 70. Spanbrechernuten.

nachfolgenden Zahn mit weggenommen wird. Die Breite der Spanbrechernuten ist anzunehmen mit 0,5···1 mm, ihre Tiefe ebenfalls mit 0,5···1 mm. Die Unterteilung ist so durchzuführen, daß die abgehobenen Späne eine Breite von 10···15 mm haben. Dabei ist den Abmessungen der Räumnadel entsprechend zu verfahren. Damit die Spanbrechernuten frei schneiden, können sie 5° hinterarbeitet werden. Die Notwendigkeit dieser Arbeit besteht jedoch nicht. Da die Nuten von Hand hinterfeilt werden müßten, ist es vorteilhafter, die Kanten parallel zu lassen, wie sie sich durch die Bearbeitung auf der Fräsmaschine ergeben.

Die Form der Spanbrechernuten ist ohne Einfluß. Sie kann sowohl scharf-
eckig als auch ausgerundet sein, je nachdem die Werkzeuge zum Einarbeiten vorhanden sind.

Für die letzten 5 bis 8 Schneidezähne fallen die Spanbrechernuten fort, ebenso
auch bei den Kalibrierzähnen, da sich sonst Markierungen in der Bohrung zeigen.
Dafür kann die Zunahme der Spanstärke oder der Vorschub hier etwas geringer
gewählt werden, so daß für die Zerspanungskraft ein Ausgleich geschaffen wird.

C. Schabe- und Glättnadeln.

30. Allgemeines. Wie bereits bei der Konstruktion der Räumnadel angeführt,
werden die letzten Zähne als Schabe- und Glättzähne ausgebildet. Löcher, die
besonders sauber sein sollen, werden mit Schabe- und Glättnadel (s. Abb. 71),
die in einem weiteren Arbeitsgang an-
zuwenden ist, bearbeitet. Die Schabezähne sind so ausgeführt, daß sie die
Wirkung etwa eines Flachschabers
hervorbringen. Sie nehmen alle größe-

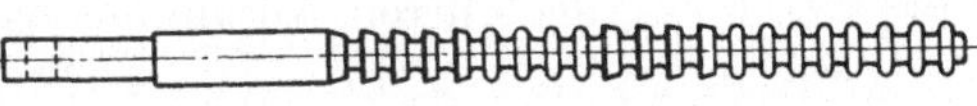

Abb. 71. Schabe- und Glättnadel.

ren Unebenheiten der Bohrung durch Schaben weg, während die nachfolgenden
Glättzähne die geschabten Flächen glätten, indem sie die offenen Poren der
bearbeiteten Bohrung durch Quetschen schließen, wodurch eine sehr dichte Oberfläche erzielt wird. Durch mehrmalige Wiederholung dieses Vorganges wird
schließlich eine glatte Bohrung erzielt, die besonders bei weichen Metallen von
hervorragender Güte ist.

31. Der Nadelschaft. Für den Schaft der Schabe- und Glättnadel gilt dasselbe
wie für den der Räumnadel. Die Zugbeanspruchung nachzurechnen ist kaum
möglich, denn die Widerstände beim Schaben und Glätten sind nur durch Versuche bestimmbar. Hier sei nur an die Verschiedenheit der Werkstoffe in bezug
auf Glätte, Festigkeit und Dehnung erinnert, die selbst bei denselben Werkstoff-
arten noch unterschiedlich sind.

Allgemein kann gesagt werden, daß bei richtiger Wahl der Gesamtsteigung
der Nadel der Schaft in derselben Weise auszuführen ist wie der der Räumnadel
für das betreffende Loch.

32. Die Werkstückführung wird nach den unter Räumnadeln bereits ge-
gebenen Richtlinien ausgebildet. Die Bohrung muß mit Laufsitz auf die Führung passen. Der erste Schabezahn soll auch hier bereits mit in die Bohrung
hineingehen, da sonst Schiefstellen der Glättnadel zu befürchten ist.

33. Die Verzahnung der Schabe- und Glättnadel
wird verschieden ausgeführt, meistens nach Abb. 72.

a) Die Teilung. Der Zahnabstand berechnet
sich auch hier aus der für Räumnadeln gültigen
Formel zu $t = 1{,}5 \cdots 2 \sqrt{L}$.

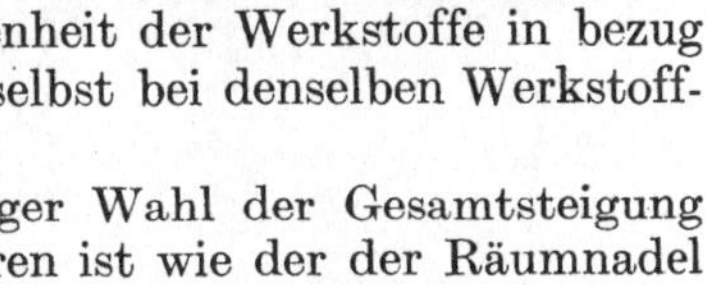

Bei den Schabe- und Glättnadeln müssen aber
mindestens 3 Zähne im Eingriff sein, wenn die Boh-

Abb. 72. Form der Schabe- und Glättzähne.

rung sauber werden soll. Mit der gleichzeitig arbeitenden Zähnezahl geht man
auch hier nicht über 8 Stück hinaus, da sonst die Beanspruchung der Nadel
zu unbestimmt wird. Bei langen Löchern sind weniger aufeinanderfolgende Glättzähne anzunehmen als bei kürzeren, weil die Glättzähne, die ja den Werkstoff
nicht zu zerspanen, sondern zu verdichten haben, ungleich größeren Kraftbedarf erfordern als die Schabezähne. Es ist besser, mehr Gruppen Schabe- und
Glättzähne anzuordnen, wenn die Lochlänge sehr groß ist, als weniger Gruppen

mit mehr Zähnen. Alle vernünftigen Änderungen in bezug auf die im Eingriff stehende Zähnezahl sind auch hier wie bei der Räumnadel erlaubt. Ungleiche Teilung ist ganz besonders angebracht.

b) Die Zahnhöhe spielt praktisch nur bei den Schabezähnen eine Rolle. Es gilt als Hauptregel, daß die abfallenden Schabespäne genügend Platz finden. Man wählt deshalb die Höhe der Schabezähne

$$h = 0{,}35 \cdots 0{,}5\, t,$$

genau wie bei den Räumzähnen. Man kann sich bei der Festlegung der Zahnhöhe hauptsächlich an die kleineren Werte halten, und diese gegebenenfalls noch weiter unterschreiten. Da hier die Berechnung der Zugkraft kaum möglich ist, empfiehlt es sich, mit der Zahnhöhe so niedrig wie möglich zu bleiben, damit der Kernquerschnitt nicht unnötig geschwächt wird.

Für die Glättzähne kommt eine Zahnhöhe nur soweit in Frage, wie sie sich zur Anordnung der oberen Abrundung von

$$r = 2 \cdots 3\ \mathrm{mm}$$

notwendig macht. Meist aber wird wegen der einfacheren Herstellung die Zahnhöhe der Glättzähne so groß wie die der Schabezähne gemacht (Abb. 72).

Abb. 73. Spanbildung bei Schabezähnen.

Auf sehr sorgfältige Bearbeitung der Glättzähne, besonders der glättenden Abrundungen ist vorsichtig zu achten; denn bei der geringsten Unsauberkeit, seien es nun Drehriefen oder grobe Schleifhaut, wird beim Arbeiten der Glättnadel nicht nur das Werkstück Ausschuß, sondern auch der betreffende Zahn stark in Mitleidenschaft gezogen, sogar oft überhaupt völlig unbrauchbar. Die Glättzähne und ihre Abrundungen sind auf Hochglanz zu polieren.

c) Der Spanwinkel des Schabezahnes ist nach Abb. 72 auszuführen mit $\alpha = 0 \cdots 1^\circ$. Größere Winkel verbieten sich meist von selbst, denn dann geht gewöhnlich die schabende Wirkung der Zahnkante in schneidende über, und saubere Bohrungen sind dann nicht zu erzielen.

Bei der Bemessung und Ausbildung des Schabezahnes ist dann richtig verfahren worden, wenn der fertige Zahn feine, wolleartige Späne erzeugt, wie aus Abb. 73 zu erkennen ist.

Für Gußteile sind kleinere Winkel zu wählen als für solche aus Stahl.

d) Die Führungsfase kommt praktisch nur bei den Schabezähnen zur Anwendung; sie ist genau so zu wählen, wie bei den Schneidezähnen angegeben.

e) **Der Freiwinkel des Schabezahnes** ist so klein wie möglich anzunehmen. Als günstige Schabefreiwinkel haben sich für Bronze und Guß $\beta = 1\cdots2^0$ und für Stahl $1\cdots3^0$ ergeben. Es ist sehr zu empfehlen, die genauen Winkel α und β durch **Versuch** zu bestimmen, wie im Abschn. 23 für die Räumnadeln erläutert.

f) **Der Zahnfuß.** Den Fuß der Schabe- und Glättzähne rundet man mit $1\cdots2$ mm ab, damit der Kern durch scharfes Einstechen nicht geschwächt wird und beim Räumen reißt.

g) **Die Zahnrückenlänge** wird der einfachen Herstellung halber zu $C = {}^1/_2\,t$ angenommen. Da es bei den Schabe- und Glättzähnen weniger auf die Spanraumform ankommt, weil die Schabespäne bröckeln, so gibt dieser Wert genügend Sicherheit. Die Herstellung der Nadel ist durch die Annahme dieser Zahnrückenlänge sehr vereinfacht worden, denn sie kann mit einfachen Einstechstählen erzeugt werden.

h) **Die Steigung der Schabe- und Glättnadel.** Die Gesamtsteigung der Nadel ist sehr gering. Sie beträgt je nach dem Durchmesser $s = 0,1\cdots0,25$ mm, so daß sich die Spanstärken der Schabespäne bzw. die Stärke der zu pressenden Schicht bei einer 30zähnigen Schabe- und Glättnadel theoretisch auf $\delta = 0,0033\cdots0,0084$ mm stellt.

Bei der Wahl der Steigung ist zu beachten, daß harte Werkstoffe schwerer zu schaben und zu glätten (verdichten) sind als weiche. Deshalb ist es erforderlich, für erstere kleinere und für letztere größere Werte zu wählen. Man hüte sich, die Zunahme der Zahndurchmesser zu übertreiben, denn die Widerstände, die die Glättzähne dem Durchziehen entgegensetzen, wachsen unverhältnismäßig stark an. Ferner wird der Werkstoff durch übermäßige Pressung hart und bröckelt aus, so daß die Werkstücke unbrauchbar werden. Ganz besonders ist hierauf bei Schabe- und Glättnadeln für Nichteisen-Metalle zu achten, da diese bei zu starker Pressung obendrein noch schmieren.

i) **Die Fertigmaße der letzten Glättzähne.** Die letzten Zähne einer Schabe- und Glättnadel sind als solche mit glättender Wirkung auszubilden. Ihre Abmessungen sind, wie bereits bei den Räumnadeln angegeben, mit $^1/_3$ der zugelassenen Fertigtoleranz auszuführen. Auch hier ist es vorteilhaft, bei der Herstellung noch eine besondere Zugabe zu machen, die dann beim Ausprobieren der fertigen Nadel notwendigenfalls abgearbeitet werden kann.

34. Verschiedenes. Die Verzahnung Abb. 72 ist als normal anzusprechen. Es gibt jedoch noch eine Reihe Sonderausführungen, von denen nachstehend eine beschrieben ist.

Hauptsächlich bei Mehrnutenbohrungen kommt es vor, daß die Werkstücke nach dem Räumen noch warmbehandelt werden müssen. Die hierbei frei werdenden Spannungen wirken sich dahin aus, daß sie das Werkstück „verziehen", so daß die Bohrung nachgearbeitet werden muß. Die Nadel Abb. 74 ist für diesen Zweck geeignet. Die Nuten der Bohrung werden hier als Führung benutzt. Die runde Bohrung selbst soll geschabt, die Nuten dagegen geglättet werden. Die Schabezähne haben geringe Zahnhöhe, weil die abzuhebende Spanmenge sehr gering ist.

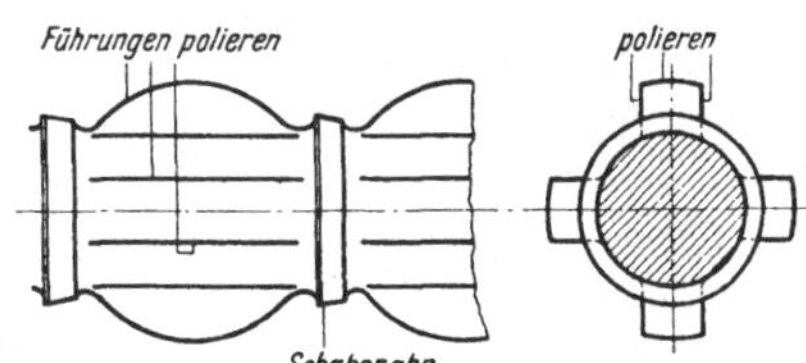

Abb. 74. Sonderausbildung der Schabe- und Glättzähne.

Deshalb ist eine große Spankammer nicht erforderlich. Die Glättzähne sollen in der Hauptsache als Führung in den Nuten dienen und sind zu diesem Zweck als Buckel ausgebildet. Auch hier ist Hochglanzpolitur unerläßlich.

In einem Sonderfalle zum Glätten des Nutengrundes hat sich die in Abb. 75 gezeigte Form der Glättzähne bewährt. Die Zähne sind hierbei derart ausgebildet, daß sie in ihrer Form elastisch wirken und beim Arbeiten schabend und glättend gegen den Nutengrund drücken. Je nach der gewünschten Oberflächengüte des Nutengrundes wird die Nutennadel mehrmals durchgezogen, wobei durch in den Aufnahmedorn zu legende Einlageplatten verschiedener Dicke der Anpressungsdruck mehr und mehr gesteigert werden kann, bis die erforderliche Glätte erreicht ist.

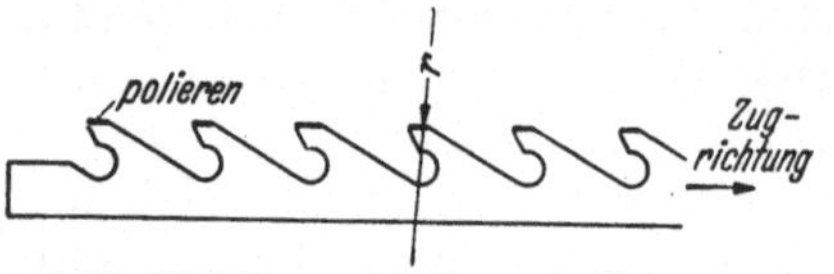

Abb. 75. Glättzähne zum Polieren des Nutengrundes.

III. Die Herstellung der Räumnadel.

Die Anfertigung von Räumnadeln, die ein gutes Ergebnis liefern, ist äußerst schwierig. Es gehört zunächst eine ganz erstklassige Einrichtung dazu, sowohl was Werkzeugmaschinen und Werkzeuge betrifft, als auch Vorrichtungen, Sondermaschinen und sonstige Hilfseinrichtungen. Besonders eine Härterei, die mit allen neuzeitlichen Hilfsmitteln arbeitet und möglichst elektrische Öfen hat, ist unerläßlich. Weiter gehört viel Erfahrung dazu, eine gute Nadel herzustellen. Es sei nur an das Richten der Nadel nach dem Härten erinnert, das nur ein ganz besonders gut eingearbeiteter Werkzeugmacher mit vielen Kniffen und Hilfsmitteln fertigbringt. Aber auch die Weiterbehandlung und der Fertigschliff erfordern besondere Erfahrung und Sorgfalt. Daher ist es im allgemeinen falsch, wenn sich die Werkstätten ihre Räumnadeln selbst herstellen, statt sie von Sonderfabriken zu beziehen. Diese haben auf Grund langjähriger mühevoller und kostspieliger Versuche alle nötigen Erfahrungen und Hilfsmittel, und können für gutes Arbeiten ihrer Werkzeuge bürgen.

A. Werkstoffe und Warmbehandlung[1].

35. Wahl des Werkstoffes. Während für die meisten Schneidwerkzeuge (Schneidstähle, Bohrer, Fräser usw.) die Ansichten über den geeignetsten Werkstoff nicht allzusehr auseinandergehen, werden für Räumnadeln die verschiedensten Sorten von Stahl mit Erfolg verwendet, vom gewöhnlichen Einsatzstahl bis zum hochlegierten Werkzeugstahl.

Diese große Verschiedenheit hat ihren Grund einmal in der geringen Schnittgeschwindigkeit der Räumnadel, die die Verwendung von unlegiertem Stahl ermöglicht — wenn auch legierter vielleicht vorzuziehen ist —, und zweitens in den recht verschiedenartigen, hohen Ansprüchen an den Werkstoff, nämlich: hohe Schneidhaltigkeit der Zähne ohne Sprödigkeit, damit die Schneiden gut stehen und nicht ausbrechen, und ferner hohe Zähigkeit im Kern, damit die Nadel die Zug- und Biegungsbeanspruchung aushält und sich nach dem Härten richten läßt.

Diese zum Teil widerstreitenden Anforderungen sind vollkommen sehr schwer, in ausreichendem Maße aber durch recht verschiedene Stahlsorten im Verein mit zweckentsprechender Warmbehandlung zu erfüllen.

Einsatzstahl. Es wird sowohl unlegierter wie legierter Einsatzstahl verwendet. In beiden Fällen muß der Kohlenstoffgehalt unter 0,2 % bleiben, der

---

[1] Näheres s. Heft 7 und 8 dieser Sammlung: „Härten und Vergüten des Stahles" und „Praxis der Warmbehandlung des Stahles".

Schwefel- und Phosphorgehalt unter etwa 0,04 %. Besonders sorgfältig ist darauf zu achten, daß sich keine Zementitadern bilden (s. Heft 7, Abb. 16), die die Schneiden bröckelig machen.

Als legierter Einsatzstahl kommt vor allem Ni-Cr-Stahl in Betracht mit etwa: 0,15···0,18 % C, 0,8···0,9 % Cr und 3···4 % Ni.

Der Hauptvorzug der im Einsatz gehärteten Stähle ist der sehr zähe Kern, der beim Ni-Cr-Stahl auch noch sehr fest ist.

Unlegierter Werkzeugstahl. Es wird der gewöhnliche Kohlenstoffstahl genommen wie für Fräser, Bohrer usw. mit etwa 1,1···1,3 % C.

Dieser Stahl ist billig und kann unmittelbar gehärtet werden, wobei die Schneiden sehr gut hart werden. Und da bei der geringen Schnittgeschwindigkeit und der unterbrochenen Arbeitsweise die Schneiden auch ganz gut stehen, so ist dieser Stahl wohl brauchbar. Bei geringem Querschnitt ist allerdings dafür zu sorgen, daß die Nadel nicht durch und durch hart wird.

Legierte Werkzeugstähle haben eine größere Schneidhaltigkeit, sind nicht so feuerempfindlich und können in Öl oder Luft abgekühlt werden, wodurch sie sich wenig verziehen. Benutzt werden sowohl niedrig legierte Stähle wie mittel und hoch legierte. Eine geeignete Zusammensetzung für einen niedrig legierten Stahl ist z. B. 1 % C, 0,8 % Mn, 1,5 % W, 1···1,2 % Cr (bei 800⁰ in Öl zu härten); für einen mittelhoch legierten z. B.: 1,5 % C, 10 % Cr, 0,5 % V (auf 950⁰ zu erwärmen und bei 850⁰ in Öl oder besser Preßluft zu härten); für einen hoch legierten z. B.: 1,4 % C, 14 % W, 3,5 % Cr (ebenfalls in Preßluft abzukühlen).

Infolge der völligen Umstellung der Stahllegierungen ist es meist nicht möglich, Stahl zu beschaffen, der obigen Zusammensetzungen entspricht. Es ist daher zweckmäßig, in der Weise zu verfahren, daß man bei Bestellung des Stahles den Verwendungszweck desselben genau angibt. Die betreffende Stahllieferfirma gibt dann den bestgeeigneten Stahl unter Beifügung einer genauen Wärmebehandlungsvorschrift heraus. Letzteres ist besonders wichtig, damit die Wärmebehandlung genau abgestimmt werden kann. Während bei den obenbezeichneten Stählen die Einhaltung der Temperaturen nicht so genau erforderlich war und Abweichungen von ± 30⁰ ohne wesentlichen Einfluß auf die Härte der fertigen Räumnadel blieb, ist bei den neuesten Austauschstählen die Einhaltung der Härtetemperatur meist mit einer Höchstdifferenz von ± 5⁰ erforderlich. Die Ausstattung des Härteofens mit genauesten Meßinstrumenten ist daher Voraussetzung für einwandfreie Härtung.

Die beim Abschneiden der Längen von der Stange abfallenden Werkstoffstücke werden der Sparsamkeit halber, wenn möglich, auf die normale Räumnadellänge mit kleinerem Durchmesser ausgeschmiedet und aufbewahrt, bis sich für diese eine günstige Verwendung bietet.

36. Warmbehandlung (Härten). Beim Erhitzen ist sorgfältig darauf zu achten, daß die Spitzen der Zähne nicht „verschmoren", weil sie dann durch keinerlei Nachbehandlung wieder ganz gut gemacht werden können. Ein solches Verschmoren ist in allen Öfen leicht möglich, die, wie Öl- und Gasöfen, oft im ganzen Glühraum oder stellenweise heißer sind als der Stahl werden soll. Daher empfiehlt sich meist, die Nadeln in Kästen mit Holzkohlenpulver zu packen, wodurch ein gleichmäßiges Durchwärmen gesichert, außerdem auch stellenweises Entkohlen unmöglich wird. Sehr vorteilhaft ist das Erhitzen in Bädern von flüssigem Blei oder auch Salz, die recht gleichmäßige Wärme haben und natürlich wie die Gas- und Ölöfen mit einem Pyrometer dauernd überwacht werden müssen.

Zu empfehlen ist, besonders für Nadeln mit geringem Querschnitt, zunächst langsam auf etwa 400···500⁰ vorzuwärmen und dann schnell auf die Abschrecktemperatur (750···850⁰) zu erhitzen. Dadurch erreicht der Kern gar nicht die Temperatur, daß er beim Abschrecken ganz hart (martensitisch) werden könnte; er bleibt zäh (sorbitisch). Das Vorwärmen wird dabei gut in einem Gasofen, das schnelle Erhitzen in einem Flüssigkeitsbad ausgeführt.

Bereits werden die Nadeln auch schon elektrisch erhitzt nach dem Widerstandsverfahren, das den Vorzug hat, daß die Wärme von innen nach außen dringt.

Die meisten Nadeln sind als lange, dünne Werkstücke anzusprechen, für die noch besondere Härteregeln gelten: möglichst hängend erhitzen (wie das in Flüssigkeitsbädern und in senkrecht stehenden Muffelöfen geschieht) und senkrecht, in der Achsenrichtung, ins Kühlbad tauchen, weil sich die Nadeln sonst bis zur Unbrauchbarkeit verziehen.

Bei den meisten Stahlsorten folgt dem Abschrecken zweckmäßig ein Anlassen bei Temperaturen bis zu 250⁰.

Dünne Nadeln sind vorteilhaft vor dem Härten zu glühen, damit die durch die mechanische Bearbeitung entstandenen Werkstoffspannungen aufgehoben werden.

B. Bearbeitung der Räumnadel.

Für die rohe Vorbearbeitung sind die normalerweise bei der Herstellung von Werkzeugen gebrauchten Werkzeugmaschinen notwendig, jedoch mit einigen besonderen Vorrichtungen, um die langen Räumnadeln gut und sicher zu spannen. Bei der Fertigbearbeitung, besonders nach dem Härten, sind Sondereinrichtungen erforderlich. Entsprechend den Forderungen an die Sauberkeit und Maßhaltigkeit der geräumten Bohrung werden die letzten Bearbeitungsstufen an der Räumnadel sehr schwierig. Bei der Herstellung der Räumnadeln handelt es sich in den meisten Fällen um Einzelanfertigung.

37. Flachnadeln für Keilnuten (Ziehmesser) werden aus Flachstahl hergestellt. Die ersten Arbeitsgänge, das Hobeln der vier Seiten, wird auf der Langhobelmaschine ausgeführt. Dabei ist die Steigung der Nadel zu berücksichtigen, am besten durch Unterlegen eines ent-

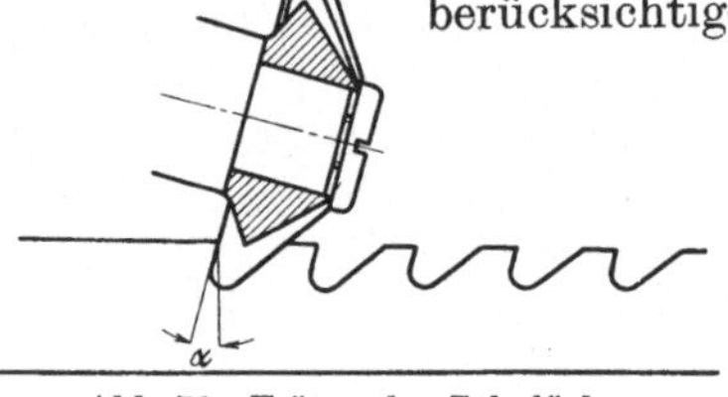

Abb. 76. Fräsen der Zahnlücke.   Abb. 77. Fräsen des Zahnrückens.

sprechend starken Keiles. Auf der Zahnseite werden mittels Reißnadel die Zahnabstände aufgetragen und dann mit entsprechendem Winkelfräser die Zahnlücken eingefräst (Abb. 76), wobei auf Sauberkeit der Zahnbrust zu achten ist, die eine Schleifzugabe von 0,3 mm erhält. Auf derselben Maschine wird der Zahnrücken gefräst (Abb. 77), wobei die Zahnhöhe nicht verringert werden darf. Die Nadel wird nun auf einer Waagerechtfräsmaschine in der Längsrichtung mit Meßuhr genau ausgerichtet und unter Beachtung des Schleifmaßes — 0,25 mm für jede Seite — die Zahnbreite der Räumnadel (Abb. 78) gefräst. Nunmehr

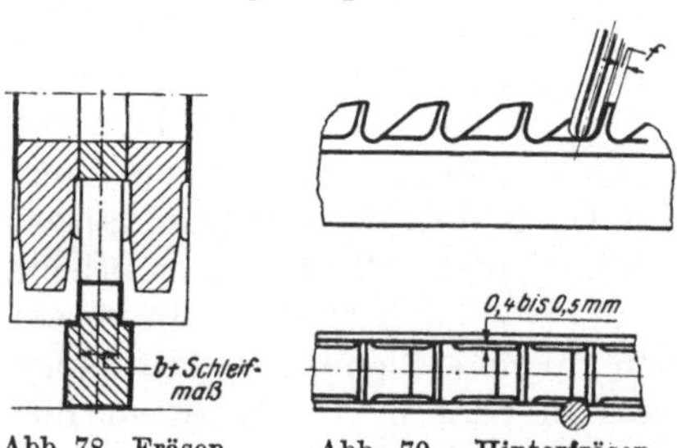

Abb. 78. Fräsen   Abb. 79.   Hinterfräsen
der Zahnbreite.   der Zahnbreite.

werden die einzelnen Zähne auf einer Nutenfräsmaschine mit Schaftfräser hinterfräst. Das Maß f (Abb. 79) der seitlichen Führung beträgt dabei je nach Nuten-

breite $0,5\cdots2$ mm an der fertigen Nadel. Wiederum auf einer Waagerechtfräsmaschine werden die Mitnehmerflächen bearbeitet (Abb. 80). Vor dem Härten
sind dann nur noch einige Feilenstriche, z. B. an den Mitnehmerflächen und am Nadelende, erforderlich. Dann wird
die Räumnadel gehärtet.

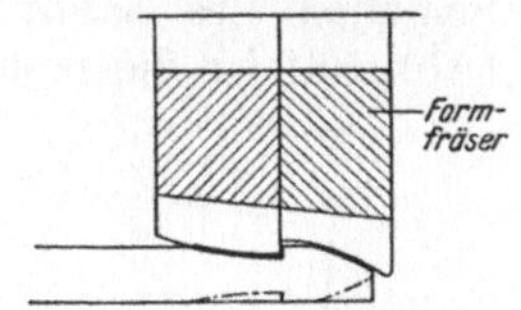

Abb. 80. Fräsen der Mitnehme-
flächen.

Trotz aller Vorsichtsmaßregeln wird sie sich dabei etwas verziehen, weshalb sie gerichtet werden muß. Das
Ziehmesser wird auf einer Richtplatte gerichtet. Die Richt-
schläge sind sehr vorsichtig und mit Bedacht zu geben, denn
jeder Schlag zuviel schadet der Nadel. Kurze Schläge mit
der Hammerfinne sind besser als starke mit der Bahn. Auf der Flächenschleifmaschine wird dann die Nadel auf beiden Seiten geschliffen, wobei sie durch
Magnetspannplatte gehalten wird
(Abb. 81). In der Sonderspannvor-
richtung (Abb. 82) wird die Anlagefläche geschliffen. Die Vorrichtung
besteht aus einem genau abgerich-
teten Winkel a, der an beiden Enden
mit Stellkeilen b zum Ausgleich des
Steigungsunterschiedes der Nadel
versehen ist; das Ziehmesser c wird
genau nach Meßuhr ausgerichtet und
dann durch Anziehen der Spann-
klauen d an den Winkel a gedrückt.
In derselben Vorrichtung wird ohne

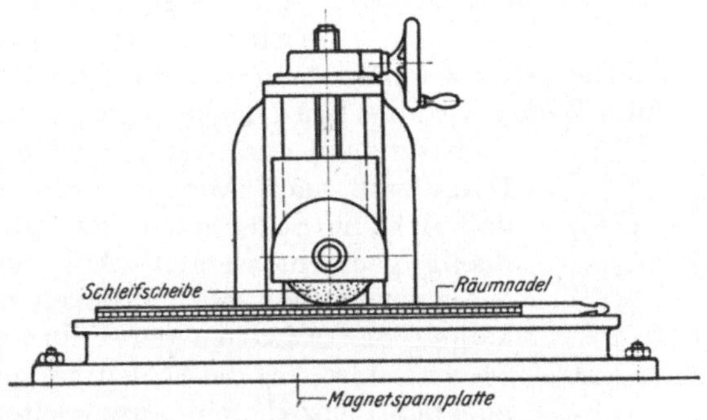

Abb. 81. Schleifen der Seitenflächen.

die beiden Keile b, die durch genaue Paßstücke e ersetzt werden (s. Abb. 83),
mittels Topfscheibe die Breite der Zähne geschliffen. Auch hier muß die Nadel
unbedingt genau ausgerichtet werden. Die erste zu schleifende
Seite wird von der Fläche x aus durch ein Endmaß gemessen;
nachdem die Nadel umgespannt ist, wird dann die andere Seite

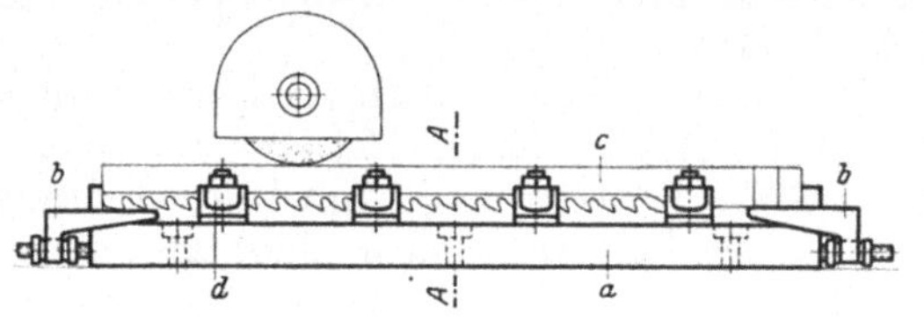

Abb. 82. Schleifen der Anlagefläche.

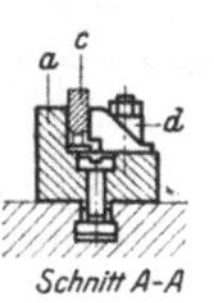

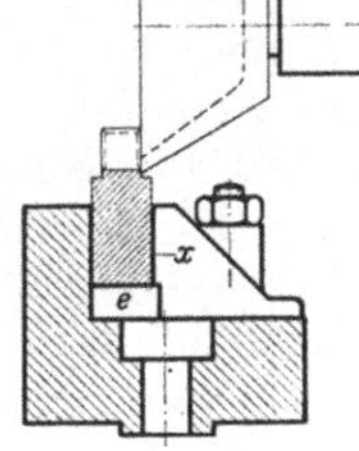

Abb. 83. Schleifen der
Zahnbreite.

geschliffen. Die Breite kann nun
mit Schraublehre gemessen werden. Abb. 84 stellt das Schleifen
der Zahnbrust (Spanfläche) dar.
Ist hierfür eine geeignete Maschine
nicht vorhanden, dann muß freihändig geschliffen werden, wozu
natürlich ganz besonderes Geschick erforderlich ist; der Winkel
wird dabei mittels Gradmessers

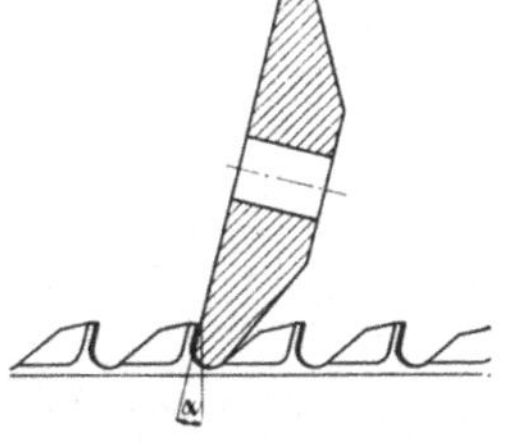

Abb. 84. Schleifen der Zahnbrust.

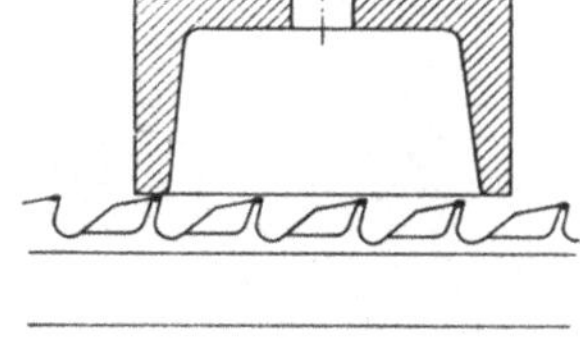

Abb. 85. Schleifen der Zahnfase.

öfter nachgeprüft. Hiernach wird die Zahnfase mit Topfscheibe geschliffen (Abb. 85),
meist unter Benutzung einer geraden Anlagefläche freihändig. Es ist erforderlich,

Zahn um Zahn zu schleifen und mittels Schraublehre nachzumessen, da beim Längsschleifen die Fase schwach schräg wird und beim Räumen drückt. Mit dem Schleifen des Zahnrückens (Freifläche) mit schräg eingestellter Schleifscheibe (Abb. 86) ist die mechanische Bearbeitung dann beendet. Nur sind nachträglich noch einige Handarbeiten vorzunehmen, die besonderes Geschick erfordern, wenn die ganze bisherige Arbeit nicht verdorben werden soll: Der beim Schleifen sich bildende Grat muß mit Abziehstein entfernt werden. Es geschieht am besten in der Reihenfolge, daß jedesmal nacheinander an sämtlichen Zähnen die eine bestimmte Arbeit erledigt wird, wie das ja auch bei der mechanischen Bearbeitung geschehen ist. Der Vorteil liegt darin, daß der Arbeiter nicht erst lange zu probieren braucht, bis er die richtige Stellung des Abziehsteines zu der nachzuarbeitenden

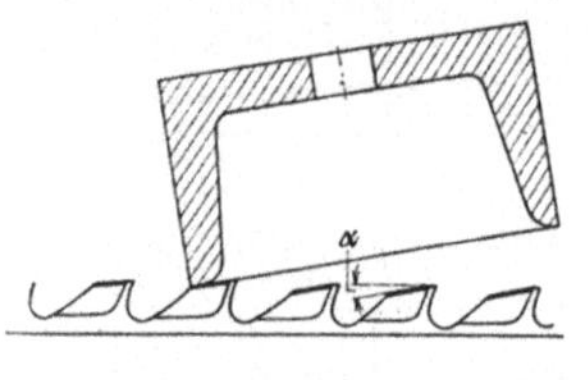

Abb. 86. Schleifen des Zahnrückens.

Fläche gefunden hat, denn mit der Zeit hat er den richtigen Handgriff im Gefühl. Zuerst wird die Brustfläche abgezogen, wozu sich ein weicherer Stein eignet, während man zum Nachschleifen einen ganz harten Kunststein nimmt. Dann wird nach Abb. 87 jeder Zahn etwas abgerundet, nur so viel, daß sich die Ecken nicht spitz anfühlen. Diese Arbeit muß sehr gleichmäßig gemacht werden. Auf die Einhaltung des Rückenwinkels ist Wert zu legen, sonst drücken die Ecken beim Räumen. Hinterher kommt das Abziehen der Führungsfasen an die Reihe, wobei so lange zu wetzen ist, bis die Schleifmarken verschwunden sind. Man hüte sich, mit dem Abziehstein auszugleiten, da hierdurch die Schneiden beschädigt werden könnten.

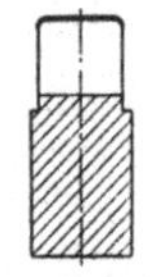

Abb. 87. Abrunden der Zahnform.

Eine Nutennadel ohne verstärkten Rücken wird in ähnlicher Weise hergestellt, nur daß dabei die Zahnbreiten nicht mittels Topfscheibe auf der Scharfschleifmaschine, sondern gleich auf der Flächenschleifmaschine geschliffen werden.

Sind der Breite der Zähne wegen Spanbrechernuten erforderlich, so werden sie vor dem Härten mittels Sägenfräser eingearbeitet. Einschleifen empfiehlt sich nicht, da sich die Schleifscheibe rasch abnutzt.

38. Die Rundnadel. Solange die Nadel frei ohne Lünette gedreht werden kann, ist diese Bearbeitung in einem Zuge die günstigste. Bei längeren Werkstücken dagegen muß der Durchbiegung und des Ratterns wegen mit Unterstützung gearbeitet werden. Eine mitlaufende Lünette läßt sich dabei nicht anwenden, weil ja das Arbeitsstück schwach kegelig ist.

Das von der Stange abgeschnittene Stück wird zentriert und nötigenfalls gerichtet. Dann wird zwischen den Spitzen in ungefähr $^2/_3$ Entfernung von einem Ende eine Lagerstelle für die Lünette angedreht, wozu man die Drehbank am besten links herumlaufen läßt mit langsamem Gang. Zur Verminderung der Erschütterungen, die dabei auftreten, legt man ein Stückchen Leder, etwa ein Stückchen Treibriemenabfall, zwischen Drehherz und Mitnehmer (Abb. 88). Die Lagerstelle wird dann durch Feilen und Schmirgeln sauber geglättet. Nun wird, unter Benutzung der Lünette, die eine Seite der Räumnadel überdreht und der Schaft angesetzt. Hierbei wird durch Einstellen des Reitstockes die Steigung der Nadel berücksichtigt. Die Schneidkanten werden durch Ankörnen bezeichnet und die Spankammer mit Einstechstahl mit ungefähr 2 mm Übermaß vorgestochen

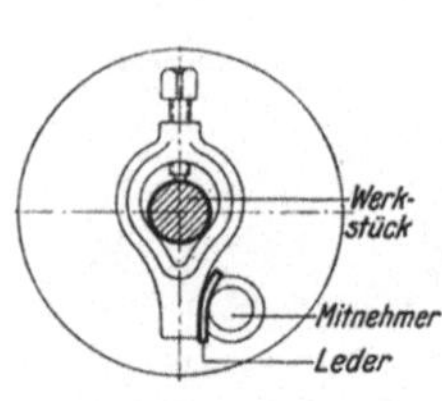

Abb. 88. Maßnahmen beim Rundschleifen.

(Abb. 89). Dann werden nach Abb. 90 die einzelnen erreichbaren Zähne vorgedreht, wobei eine aus schwachem Blech gefertigte Schablone gute Dienste leistet. Für die letzten drei dieser Arbeitsgänge ist zweckmäßig ein Umschaltstahlhalter zu verwenden. Nun ist noch notwendig, zwei nebeneinander liegende

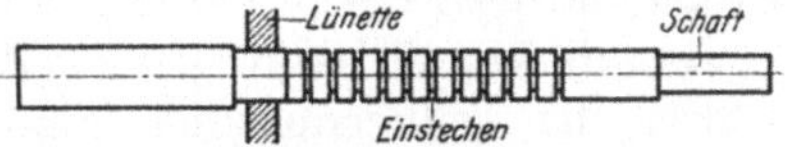

Abb. 89. Vordrehen der Schaftseite.

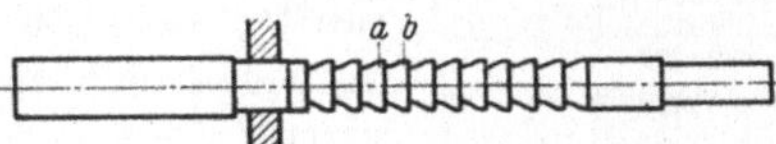

Abb. 90. Vordrehen der Zahnform.

Zähne, etwa a und b (Abb. 90) auf gleichen Außendurchmesser zu drehen, die dann für die nächste Arbeitsstufe den Stellring in Abb. 91 aufnehmen müssen. Es ist nämlich nicht zu empfehlen, die Lünette unmittelbar auf der schmalen Schneide laufen zu lassen, weil diese sehr leicht angegriffen und dadurch unbrauchbar wird. Diese Ringe haben sich als sehr praktisch erwiesen; sie sind, wenn sie bis auf die Bohrung fertig bearbeitet auf Lager gelegt werden, jederzeit schnell verwendbar. Hierauf wird die Lünette umgestellt, und es wird nun die andere Seite bearbeitet: es wird der Außendurch-

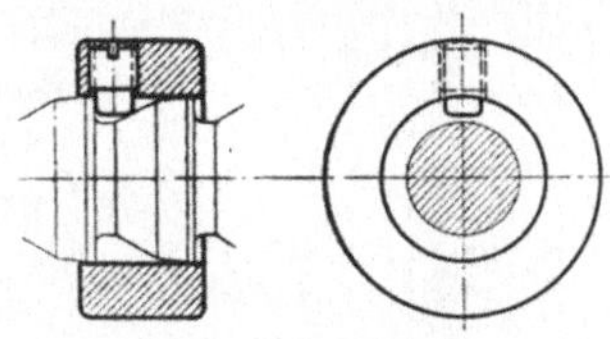

Abb. 91. Laufring.

messer gedreht (Abb. 92), wobei auf die zylindrischen letzten Zähne keine Rücksicht genommen wird. Ebenso wird nach dem Anreißen die Zahnform vorgedreht

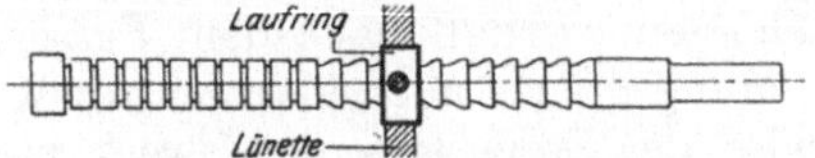

Abb. 92. Vordrehen der Zähne.

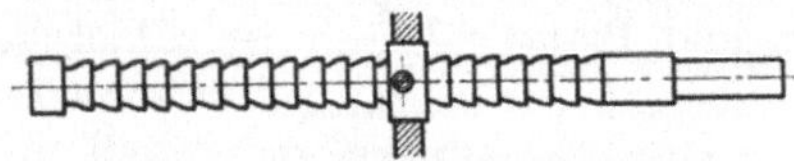

Abb. 93. Vordrehen der Zähne.

(Abb. 93). Das Nadelende wird möglichst ohne Lünette gedreht (Abb. 94). Um die beim Schruppen entstandene Spannung auszugleichen, wird die Nadel nun geglüht und, wenn nötig, gerichtet. Unter Verwendung eines anderen Stellringes

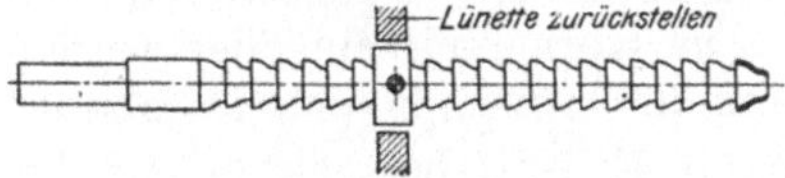

Abb. 94. Drehen des Nadelendes.

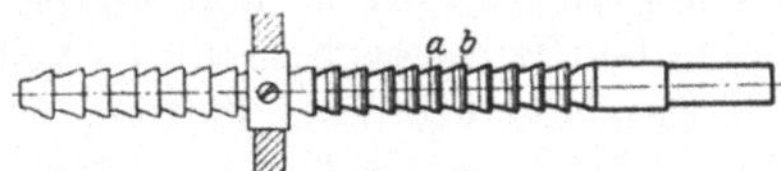

Abb. 95. Fertigdrehen der Schaftseite.

wird hierauf die Schaftseite fertig bearbeitet (Abb. 95), wozu eine Lehre nach Abb. 96a sehr zu empfehlen ist. Der Zahnrücken wird unter Verstellung des Supportes gedreht, ebenso die Zahnbrust; die weitere Form wird mit Formstahl oder

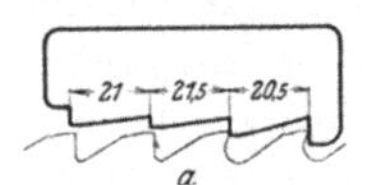

Abb. 96. Teilungs- und Formdrehen.

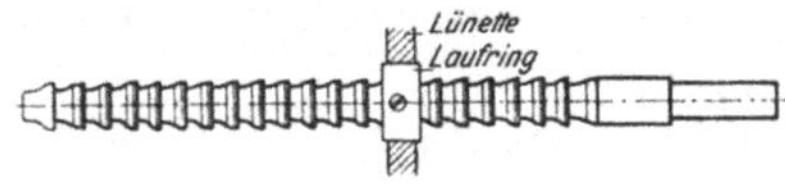

Abb. 97. Fertigdrehen der Nadel.

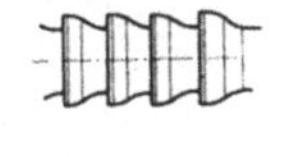

Abb. 98. Nadelende.

unter Benutzung einer Formlehre nach Abb. 96b angedreht. Nach dem Umstellen der Lünette (Abb. 97) wird auch die andere Seite auf diese Weise bearbeitet; dabei sind folgende Schleifmaße einzuhalten:

$$\text{für den Außendurchmesser} = + 0,3\cdots 0,5 \text{ mm,}$$
$$\text{für die Zahnbrust} = + 0,2\cdots 0,4 \text{ mm.}$$

Das Schleifmaß für den Zahnrücken ergibt sich von selbst.

Hierbei ist zu beachten, daß die letzten Zähne zylindrisch bleiben, was beim Fertigdrehen gleich zu berücksichtigen ist. Sie ließen sich zwar auch schleifen, doch würde die Schleifscheibe sich stark abnutzen. Die letzte Dreharbeit — nach Möglichkeit wieder ohne Lünette — ist das Fertigbearbeiten des Nadelendes (Abb. 98).

Auf einer Nutenfräsmaschine wird das Keilloch gefräst (Abb. 99), hinterher werden die Spanbrechernuten eingefräst (Abb. 100), wobei die Nadel im Teilkopf aufge-

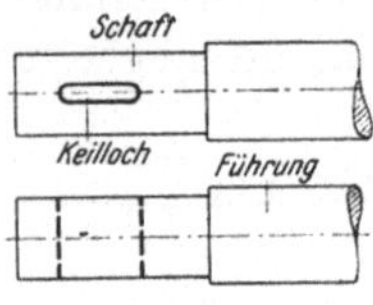

Abb. 99.   Keilform.

nommen und gut ausgerichtet wird. Da die Spanbrechernuten Zahn für Zahn versetzt sind, so wird z. B. der erste, dritte, fünfte, siebente usw. Zahn gefräst, so daß die Teilvorrichtung immer gleichmäßig verstellt werden kann, dann der zweite, vierte, sechste usw. Hierbei wird die Teilvorrichtung einmal um die Hälfte der vorher gekurbelten Löcher weitergedreht. Als Fräser dient ein gewöhnliches Metallsägeblatt. Es ist gewisse Vorsicht nötig, damit nicht in den nächsten Zahn hineingefahren wird; denn dann würden zwei Spanbrecher hintereinander entstehen, die beim Räumen schlechten Spanfluß verursachen, der unter Umständen zum Verstopfen der Spankammer führt.

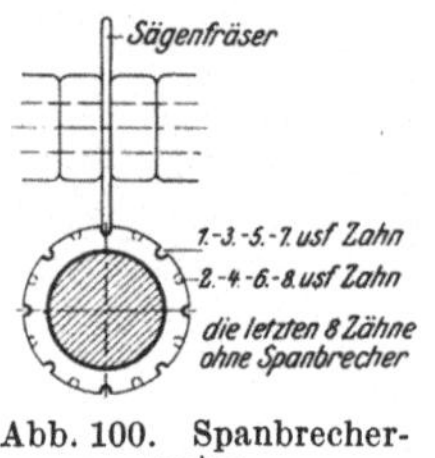

Abb. 100.   Spanbrecher-
nuten.

Sehr wichtig ist noch das Stempeln der Nadel. Jede Nadel ist unter allen Umständen mit einem genügend tief eingeschlagenen Stempel nach Abb. 101 zu versehen. Diese Vorschrift ist sehr wichtig, weil es immer wieder vorkommt, das zu lange Werkstücke geräumt werden, so daß die zu große Spanmenge keinen Platz in der Spankammer findet und die Nadel beschädigt. Sehr zu empfehlen ist die Verwendung einer Stempelmaschine oder eines Satzstempels, bei dem zum Nachstempeln genügend Platz gelassen ist. Tief genug eingeschlagen, so daß nach dem Fertig

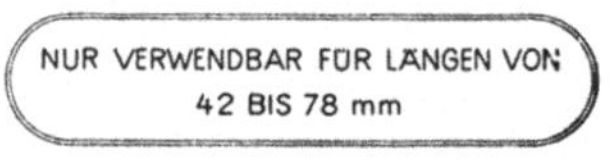

Abb. 101.   Stempeln   der   Nadel.

schleifen die Verwendungsgrenze noch klar und deutlich zu sehen ist, wird der Stempel seinen Zweck nie verfehlen. Sehr vorteilhaft ist es auch, die Schrift mit rotem Lack auszulegen; sie wird dadurch auffälliger. Dann wird die Nadel gehärtet und, wenn sie sich verzieht, gerichtet. Dieses Richten ist hier ganz besonders schwierig und ist nur von einem wirklich erfahrenen Facharbeiter richtig auszuführen. Nachstehend sind einige Kniffe angegeben, die beachtenswert sind: Die Körnerspitzenlöcher werden von Sand oder Zunder befreit, so daß die Räumnadel zwischen den Drehbankspitzen aufgenommen werden kann. Es ist dabei nicht notwendig, einen Mitnehmer zu benutzen, wenn die Laufspitze ölfrei und die feststehende Spitze mit Öl geschmiert wird. Die zwischen Laufspitze und Körnerloch auftretende Reibung genügt vollkommen, auch die schwerste Nadel mitzunehmen. Durch Anhalten von Kreide werden dann die verschiedenen Schlagstellen angezeichnet. Ist der Schlag einseitig, so wird Durchdrücken mit der Brechstange helfen. Das darf jedoch nicht zu weit getrieben werden, denn ein gehärtetes Werkstück von verhältnismäßig

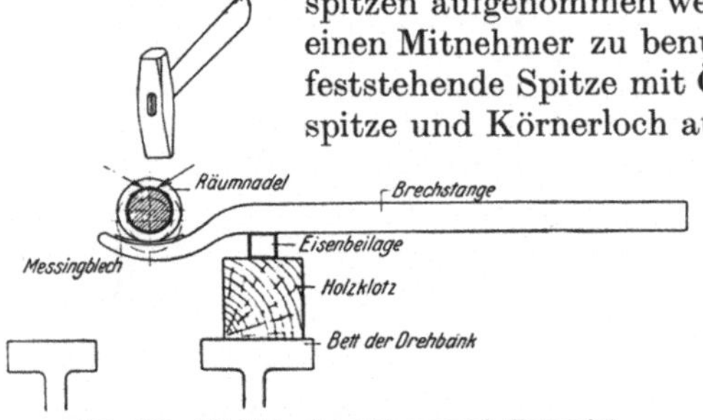

Abb. 102.   Richten der Räumnadel (Dengeln).

großer Länge ist schnell zerbrochen. Kann der Schlag nicht durch schwaches Drücken beseitigt werden, so gibt man auf das Werkstück, solange dieses unter Druck steht, einige kurze Schläge mit dem Hammer, die ganz sicher helfen werden. Dabei ist nun zu beachten, daß ein zu weit herübergerichtetes Werkstück sehr vorsichtig wieder bis in die Gerade gedrückt werden muß, weil jeder Druck in umgekehrter Richtung das lange Stück noch viel weiter zurückfedern läßt, als es vorher war, und dann ist die Arbeit vergebens gewesen. Überhaupt ist jeder Schlag und Druck vorher genau zu überlegen, denn Schlagen und Drücken schaden dem

Werkstück immer. Viel besser ist es, das Werkstück zu „dengeln", ein Verfahren, das häufig angewendet werden muß. Zu diesem Zweck wird das Werkstück mittels Brechstange (Abb. 102) nach der dem Schlag entgegengesetzten Seite unter leichten Druck gesetzt und mit der Hammerfinne durch ganz leichte, schnelle Schläge bearbeitet. Die Schläge müssen auf den Zahngrund gegeben werden, der nach dem Härten nicht mehr bearbeitet wird und deshalb die durch das Dengeln erzeugte Werkstoffspannung beibehält. Schläge auf den Rücken der Räumnadel sind zwecklos, weil nach dem Fertigschleifen das Arbeitsstück wieder krumm würde. Man sieht, wie vieles beim Richten zu beachten ist, wenn nicht durch einen unbedachten und unvorsichtigen Druck die ganze bisherige Arbeit vernichtet werden soll.

Nachdem nun durch diese Handarbeit das Werkstück zum Schleifen fertiggemacht ist, werden auf der Körnerspitzenschleifmaschine (Abb. 103) die Zentrierungen sauber geschliffen. Die Zentrumslöcher erhalten zweckmäßig gleich zu Anfang eine Schutzsenkung, damit sie immer einwandfrei bleiben und auch später bei einem notwendig werdenden Scharfschleifen oder Nachrichten stets unbeschädigt sind. Rund geschliffen wird auf einer normalen Rundschleifmaschine (s. Abb. 104), und zwar mit einem Gegenlager. Ungefähr in der Mitte der Nadel wird ein Zahn freilaufend rund geschliffen, wobei am besten das Fertigmaß dieses Zahnes noch nicht erreicht wird. Dieser Zahn dient als Lauffläche für das Widerlager, das unter Zwischenlegen eines Lederstückchens leicht angestellt wird. Es ist nun nicht richtig, die Gesamtlänge der Nadel, also alle Schneiden durchlaufend zu schleifen; richtig ist vielmehr, die Zähne einzeln zu bearbeiten. Dabei wird mittels Schraublehre die Steigung der Nadel von Zahn zu Zahn genau nachgemessen. Auf derselben Maschine wird auch der Rücken der Zähne geschliffen (Abb. 105). Vorteilhaft ist es, anstatt den Schleiftisch zu verstellen, den Scheibenbock um den entsprechenden Winkel zu schwenken. Als Anhaltspunkt beim Rückenschleifen ist die Breite der Führungsfase zu wählen, unter Beachtung des Schleifmaßes der Zahnbrust. Die Zahnbrust wird als letztes auf einer Scharfschleifmaschine geschliffen (Abb. 106). Die Anwendung einer Topfscheibe ist nicht ganz einwandfrei, jedoch in Ermangelung eines anderen Schleifverfahrens allein möglich. Es ist hier besonders auf

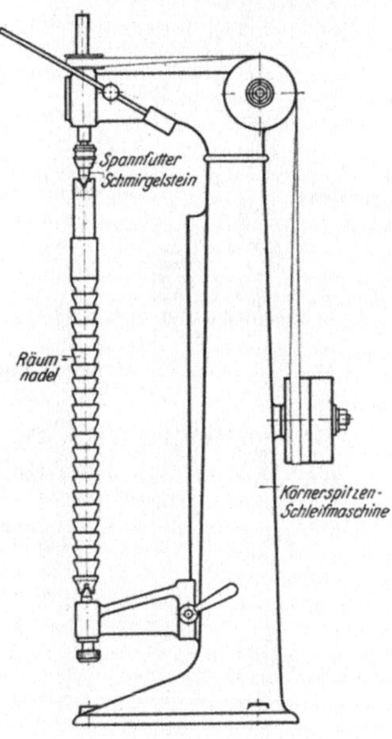

Abb. 103. Körnerspitzenschleifmaschine.

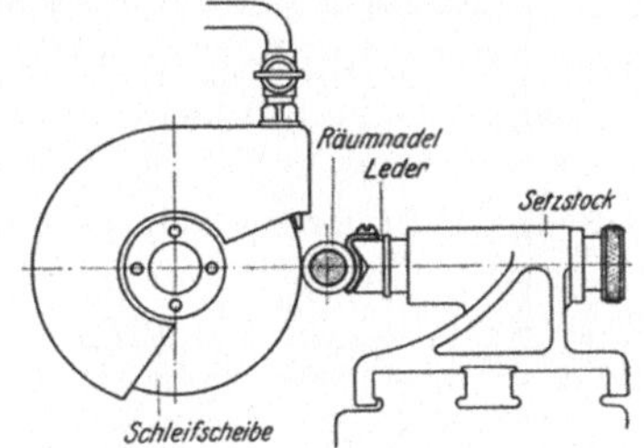

Abb. 104. Rundschleifen.

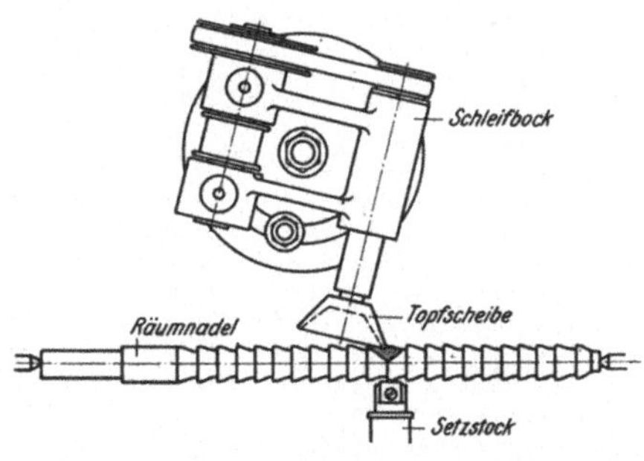

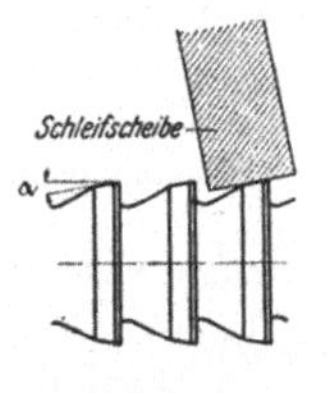

Abb. 105. Schleifen des Zahnrückens (Freifläche).

Abb. 106. Schleifen der Zahnbrust (Spanfläche).

die richtige Wahl der Schleifscheibe zu achten: sie darf einerseits nicht zu klein sein, weil sie dann mit dem Innenrande schleifen würde, andererseits muß sie aber stets kleiner als der doppelte Radius r (Abb. 107) sein, weil sonst die Scheibe mit dem ganzen Bogen a—b schleift und unnötige Erhitzung hervorruft. Muß die Scheibe aber der Umstände halber größer gewählt werden, so ist der entstehende Brustwinkel genau zu beachten, weil er dann in der Regel auf Kosten der Teilung kleiner ausfällt als gewünscht. Hier hilft man sich, indem man den Schleifbock noch etwas weiter herumstellt, doch ist die Arbeit dann immer genau zu prüfen und die Maßhaltigkeit des Winkels zu untersuchen. Der Schleifscheibenverbrauch ist naturgemäß groß.

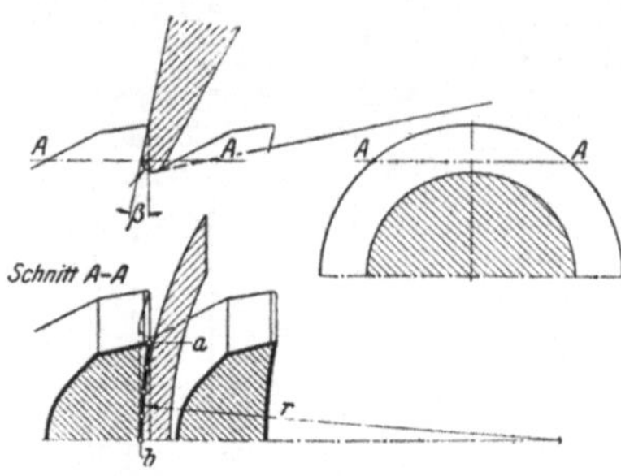

Abb. 107. Wahl der Abmessung der Schleifscheibe.

Die letzte Arbeit an der Rundnadel ist das Abziehen der Führungsfasen, das Abb. 108 vergrößert zeigt. Die Fase soll nach dem Zahnrücken zu ganz allmählich abnehmen. Das kann nun natürlich nicht nachgemessen werden. Diese Arbeit ist rein gefühlsmäßig so lange durchzuführen, bis Schleifmarkierungen nicht mehr zu sehen sind, was auch nur von einem geübten Facharbeiter richtig ausgeführt werden kann. Zum Schluß fährt man mit dem härtesten Abziehstein ganz leicht über die Schneidkante, wodurch der anhaftende Grat entfernt wird. Ein Zuviel hiervon schadet und stumpft die Schneidkante ab.

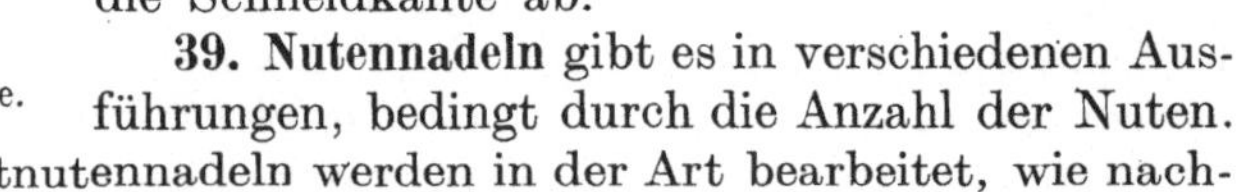

Abb. 108. Abziehen der Führungsfase.

39. Nutennadeln gibt es in verschiedenen Ausführungen, bedingt durch die Anzahl der Nuten. Drei-, Vier-, Sechs- und Achtnutennadeln werden in der Art bearbeitet, wie nachstehend für eine Viernutennadel angegeben ist.

Sämtliche Dreharbeitsstufen, einschließlich des Fertigdrehens, sind genau wie bei der Rundnadel. Dasselbe gilt für die Bearbeitung des Keilloches. Nunmehr wird die Nadel auf der Fräsmaschine in der Achsrichtung aufgespannt, was sehr genau geschehen muß, weil durch Schrägstellung auch nur einer Zahnreihe die Nadel unbrauchbar würde. Unter Beachtung des Schleifmaßes, das für jede Seite des Zahnes $0{,}25 \cdots 0{,}4$ mm beträgt, wird die Nadel in der Längsrichtung gefräst (Abb. 109). Für Drei- und Viernutennadeln werden zweckmäßig zwei zusammengesetzte Scheibenfräser normaler Ausführung, bei Mehrnutennadeln dagegen zusammengesetzte Winkelfräser benutzt. Es folgt das Ausfräsen der Führungen mit einem Formfräser (Abb. 110). Es ist vorteilhaft, nach der einen Seite der Führung erst die gegenüberliegende

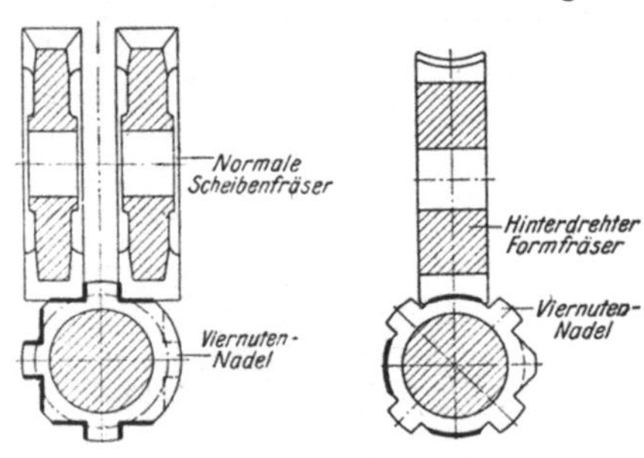

Abb. 109. Satzfräsen.   Abb. 110. Formfräsen.

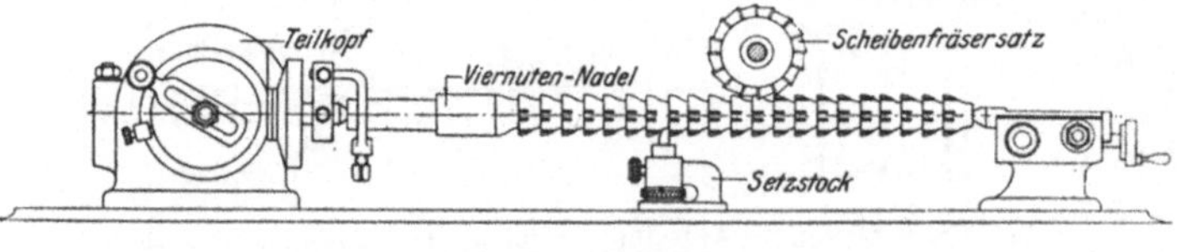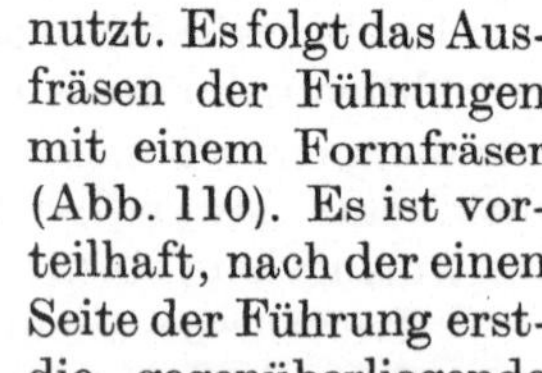

Abb. 111. Längsfräsen.

zu bearbeiten, weil dann besser gemessen werden kann. In beiden hier angeführten Fräsgängen ist mit einer Unterstützung zu arbeiten (Abb. 111), damit die Nadel

nicht ausbiegen und vor allem nicht zittern kann. Für sehr lange Nadeln wendet
man deren zwei an. Praktisch fängt man beim Fräsen am Ende der Nadel an,
fräst vorläufig von jeder Zahnreihe nur den letzten Zahn und mißt diesen genau
nach. Erst dann werden die Zahnreihen durchgefräst. Nach den Nutenbreiten
und Führungen, die ebenfalls im Durchmesser 0,4···0,6 mm Schleifmaß behalten
müssen, werden in derselben Aufspannung die Spanbrechernuten gefräst. Sie
werden versetzt angeordnet, je nach Nutenbreite zwei oder eine für den Zahn.
Die letzten Zähne müssen ohne Spanbrecher sein, weil sonst in der geräumten
Nute Längsriefen, die Abdrücke der Spanbrecher, stehenbleiben.

Nun wird die Nadel mit dem Grenzenstempel versehen, für das Härten und
Richten gelten die früher erwähnten Regeln. Die Nutennadeln müssen ganz besonders sorgfältig erhitzt werden, damit die Spitzen der Zähne nicht verbrennen.
Die Brust wird mit kegeliger Topfscheibe geschliffen, Rücken- und
Zahngrund in derselben Weise wie bei der Rundnadel. Dann wird
die Führung der Nadel geschliffen. Dabei ist, wie beim Fräsen, das
Ausrichten der Nadel erste Bedingung. Mit einer einfachen, sehr
weichen Scheibe wird die Führung geschliffen, und zwar im Strich-
verfahren (Abb. 112), das genauer und dem Schleifen mit ausge-
rundeter Schleifscheibe vorzuziehen ist. Wo dagegen an der Maschine eine genau ausgeführte Abdrehvorrichtung für Schleifscheiben
angebracht ist, wird man vorteilhaft das Formschleifen wählen; doch
ist es notwendig, nacheinander die gegenüberliegenden Seiten zu
schleifen, damit ein etwa vorhandener Meßfehler noch ausgeglichen
werden kann. Als letzte Maschinenarbeitsstufe werden dann die Zahnbreiten geschliffen (Abb. 113). Es ist besonders wichtig, erst von jeder
Zahnreihe die eine Seite zu schleifen, und zwar gegebenenfalls die gegenüberliegenden
Zahnseiten. Dabei sind auf jeder dieser Zahnreihen noch einige hundertstel Millimeter stehen zu lassen, damit die Teilung erst ganz genau geprüft werden kann. Erst nachdem man sich überzeugt hat, das
sie stimmt, schleift man die Seitenflächen unter ganz geringer
Spanzustellung fertig, damit die Räumnadel nicht zu sehr erhitzt wird. Ist diese Seite der Nadel richtig, so wird die andere
Seite fertiggeschliffen, auch mit ganz leichten Spänen. Die Zahn-
stärke kann jetzt mit der Schraublehre gemessen werden. Die
noch auszuführenden handwerksmäßigen Arbeiten sind im An-
schluß hieran zu erledigen, und zwar in derselben Weise und
Reihenfolge wie bei der Rundnadel.

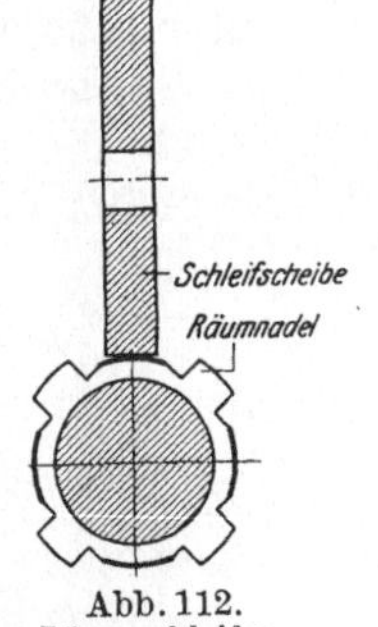

Abb. 112.
Längsschleifen.

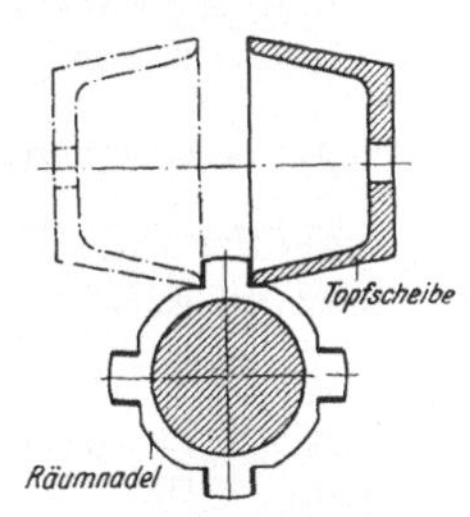

Abb. 113. Schleifen
der Nutenbreite.

40. Flachnadeln werden in der Regel vorgeschmiedet. Ist der
Schaft rund, so wird er zunächst angedreht. Hierauf werden Querschnitt und
Steigung angerissen und die vier Seitenflächen bearbeitet, und zwar am besten bei
kleinen Nadeln auf der Fräsmaschine, bei großen auf der Langhobelmaschine. Jetzt
wird die Teilung angerissen, wobei zu beachten ist, daß die Zähne auf der einen Seite
entgegengesetzten Anstellwinkel bekommen. Die Zahnform wird dann ausgehobelt
oder gefräst, und die Spanbrechernuten werden eingefräst, und zwar in der Achsrichtung, am besten vom Zahnrücken her, damit die Ecken der Nuten nicht
beschädigt werden. Die nächste Arbeitsstufe ist das Einfräsen des Keilloches.
Dann wird die Nadel gestempelt und gehärtet und, wenn nötig, auf der Richtplatte gerichtet.

41. Die Drallnadel wird genau wie die Rundnadel behandelt. Beim Fräsen des
Dralles wird zuerst die eine Seite, dann die andere Seite der Zahnbreite gefräst.
Hierbei sind entweder doppelseitige Winkelfräser bei einfachen Nuten oder ent-

sprechende Formfräser zu verwenden. Nach dem Härten und Richten werden die Zahnbrüste, die Fasen und die Zahnrücken, dann die Zahnbreiten bzw. die Form der Zahnreihen geschliffen. Hier muß mit einer Tellerscheibe gearbeitet werden, da die Seiten der Zähne gewundene Flächen sind, die von einer einfachen, geraden Scheibe überschnitten würden. Auch hier ist gegebenenfalls erst die eine Seite des Zahnes zu schleifen und nach mehrmaligem Umschlagen zur Erzielung einer genauen Teilung die andere Zahnseite zu bearbeiten. Überhaupt ist es vorteilhaft, an jeder Zahnreihe nur einen Strich zu schleifen, dann mit derselben Zustellung die nächste Zahnreihe usw., bis alle Seiten fertig sind; dann wird wieder bei der ersten Spirale zugestellt und wieder einmal herumgeschliffen usw., bis sämtliche Zahnreihen auf einer Seite fertig sind. In derselben Weise werden dann die anderen Zahnseiten bearbeitet. Diese Teilarbeit ist sehr schwierig und erfordert ständige Kontrolle. Etwa einzuarbeitende Spanbrechernuten müssen in Richtung des Dralles liegen. Werden sie in der Achsrichtung eingefräst, so drücken sie und beschädigen die Nadel.

42. Die Glättnadel wird in derselben Weise bearbeitet wie jede andere Nadel. Da Glättnadeln besonders für runde Bohrungen in Betracht kommen, so können

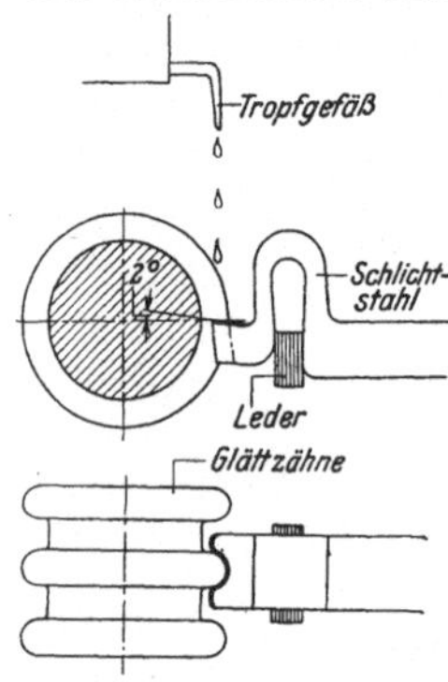

Abb 114. Glättzahndrehen.

sie auf der Drehbank bearbeitet werden. Die Glättzähne werden wie nachstehend angegeben bearbeitet. Der Außendurchmesser der einzelnen Zähne wird mit Schlichtstahl fertiggedreht. Sehr zu empfehlen ist dabei ein „Gänsehals" (Abb. 114), dessen etwa zu starke Federung durch ein Stückchen Leder zwischen dem Federbogen des Stahles gemildert werden kann. Zuführung von Seifenwasser ist erforderlich, da sonst der Stahl ausbricht und unsauber arbeitet. Nach dem Härten wird mit Polierholz (Abb. 115) der Hochglanz erzeugt. Dabei wird in der nachstehenden Reihenfolge gearbeitet: zuerst wird mit feinem Schmirgel und Öl der Zahn vorgeschliffen, was so lange fortzusetzen ist, bis die Spuren der Feuerbehandlung nicht mehr zu sehen sind (dabei ist auf das Fertigmaß der Zähne zu achten, das nach dem Vorschleifen ein Übermaß von 0,05 mm aufweisen muß). Hierauf wird das Schleifholz gesäubert und mit Staubschmirgel und Öl nachgeschliffen; darauf werden mit Schwefelblüte und Öl die Glättzähne vorpoliert, und dann wird mit einem Lederstückchen, am besten Seehundsleder, unter Zugabe von Polierrot der Hochglanz erzeugt. Es ist ganz besonders wichtig, diese Politur auf das sauberste auszuführen und jeden etwa vorhandenen Riefen zu entfernen, da sonst beim Glätten der Werkstücke Werkstoff abgeschoben wird, der zwischen Glättzahn und Werkstückbohrung gequetscht wird und hier sich festfrißt. Dann ist aber der Zahn meist so beschädigt, daß er nicht mehr ausgebessert werden kann.

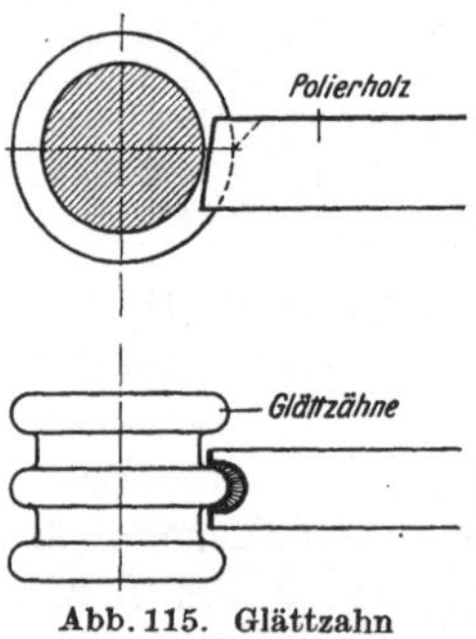

Abb. 115. Glättzahn
polieren

Unter Beachtung des Vorstehenden ist es möglich, brauchbare Räumnadeln herzustellen. Die Schwierigkeiten dürfen jedoch nicht verkannt werden. Sind geeignete Maschinen und Werkzeuge und besonders eine ausgezeichnete Härterei nicht vorhanden, so ist es unter allen Umständen besser, die Räumnadeln von einer Sonderfirma herstellen zu lassen, deren es eine ganze Reihe gibt.

C. Die Prüfung der fertigen Räumnadel.

43. Kontrolle durch Messung. Die fertigen Räumnadeln müssen auf das genaueste geprüft werden.

Rundnadeln und alle solche, die durch Dreh- oder Rundschleifbearbeitung geformt wurden, sind auf Rundlaufen zu prüfen zwischen Spitzen auf dem Fühlhebel (Minimeter, Meßuhr) nach Abb. 116. Wenn die Räumnadel schlägt, was jedoch nur in seltenen Fällen vorkommt, muß sie gerichtet werden. Ein geringer Schlag, je nach Durchmesser bis zu 0,05 mm, ist belanglos, größere Krümmungen verursachen jedoch ungenauere Löcher, bei runden Nadeln z. B. werden die Löcher oval.

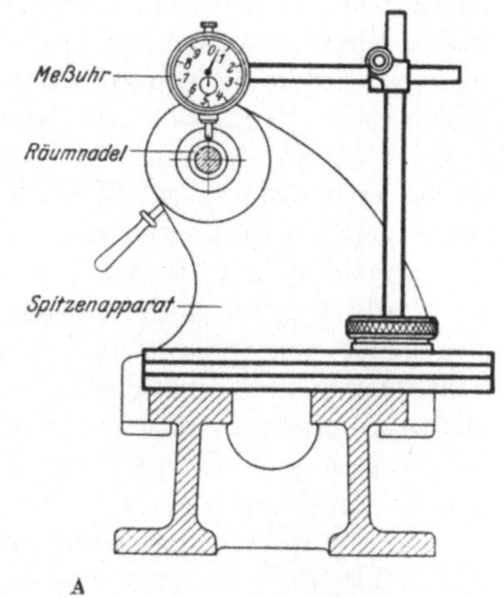

Abb. 116. Prüfung auf Rundlauf.

Die Zahnteilung ist auf Ungleichheit zu prüfen. Vorhandene gleiche Teilungen sind nachzuarbeiten, damit Rattermarken beim Räumen vermieden werden.

Der Schaft der Räumnadel ist auf Maßhaltigkeit zu untersuchen. Er muß leicht in die Aufnahmebüchse hineinpassen. Das Keilloch oder die Mitnehmerflächen sind auf vorhandene scharfe Einkerbungen und Anfeilungen zu untersuchen, da gewöhnlich an derartigen fehlerhaften Stellen die Nadeln reißen.

Die Führung der Räumnadel muß mit „Laufsitz" in das vorgearbeitete Loch hineinpassen. Hierbei ist zu beachten, daß der erste Zahn bereits mit zur Führung gehört, also mit in das Werkstück hineingehen muß.

Ferner ist zu prüfen, ob der Stempel nach Abb. 101 vorhanden ist und ob die aufgeschlagenen Lochlängen stimmen. Fehlt die Stempelung, kann sie noch nachträglich durch elektrischen Signierapparat aufgebracht werden. Undeutliche Stempel sind zu verbessern, doch darf die Sauberkeit der Führung nicht beeinträchtigt werden, denn sonst gibt es beim Proberäumen Anfressungen.

Die Steigung der Nadel ist auf ihre Gleichmäßigkeit zu prüfen. Dabei ist Zahn für Zahn zu messen. Jede Abweichung muß verbessert werden.

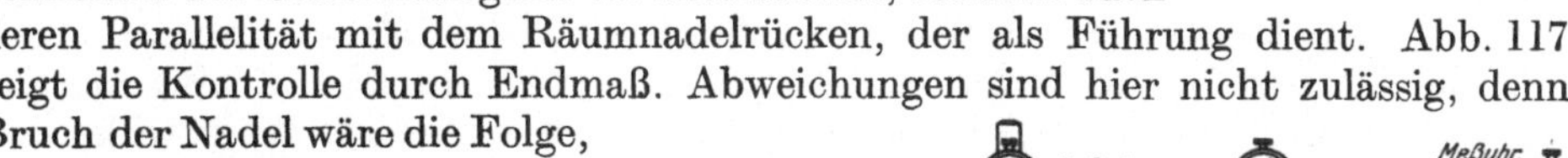

Abb. 117. Prüfung der Parallelität.

Bei einer Keilnutennadel ist nicht nur die Breite der Schneiden auf Gleichmäßigkeit zu untersuchen, sondern auch deren Parallelität mit dem Räumnadelrücken, der als Führung dient. Abb. 117 zeigt die Kontrolle durch Endmaß. Abweichungen sind hier nicht zulässig, denn Bruch der Nadel wäre die Folge, zumindesten aber unerwünschte Breite der geräumten Nute.

Mehrnutennadeln sind auf genaue Teilung der Nuten zu prüfen. Kann diese innerhalb gewisser Grenzen liegen, so sind diese einzuhalten. Die Parallelität der Mittellinie muß aber unter allen Umständen gewahrt bleiben. Geprüft wird sie mit Meßuhr oder Minimeter (Abb. 118). Die Räumnadel ist dabei im Spitzen-

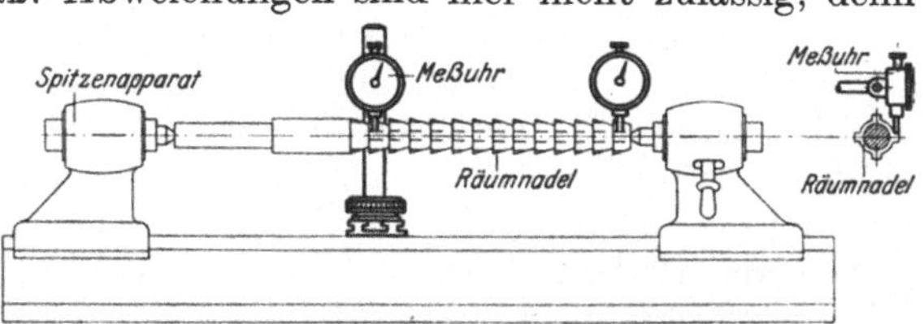

Abb. 118. Prüfung auf Achsenrichtung der Nuten.

apparat aufzunehmen, so daß die Seitenfläche der zu prüfenden Zahnreihe waagerecht liegt. Dann muß der Zeigerausschlag der Meßuhr am Anfang wie auch am Ende der Räumnadel gleich sein. Meßbare Abweichungen sind nicht zulässig, wenn Genauigkeit des Werkstückes verlangt wird.

Dann ist zu prüfen, ob die vorgeschriebene Anzahl Zähne am Ende der Nadel dieselben Abmessungen haben. Diese sind genau festzulegen und aufzuschreiben, da sie beim Proberäumen von Wichtigkeit sind. Von der Anzahl der Zähne hängt bis zu einem gewissen Grade die Lebensdauer der Nadel ab. Auch bei später notwendig werdender Neuanfertigung sind die Maße gut brauchbar, da dann weniger Nacharbeit erforderlich ist. Brust- und Rückenwinkel sind auf Maßhaltigkeit mit dem Winkelmesser zu prüfen, ebenso auf Gleichheit untereinander. Die Brustfläche ist besonders auf Feinheit des Schliffes zu untersuchen: grober Schliff, etwa hervorgerufen durch Schleifen mit zu harter Scheibe, ist unter allen Umständen zu vermeiden bzw. zu verbessern. Auch die Abrundung am Fuße der Zähne ist auf Sauberkeit zu prüfen; besonders darf an der Abrundung kein Ansatz sein, da sich sonst die Späne stauchen und die Nadel beschädigen. Scharfe Dreh- und Schleifriefen sind unzulässig. Es ist besser, sie herauszuschleifen und dabei auf sanfte Übergänge zu sehen; der so verringerte Querschnitt ist dann erfahrungsgemäß immer noch haltbarer als der scharf eingekerbte. Die Fasen müssen alle gleiche Breite haben.

Die Räumnadel ist, sofern dies nicht schon früher geschehen ist, auf Härteund Schleifrisse zu untersuchen. Ob richtige Härte vorhanden ist, muß bereits vor dem Schleifen festgestellt werden. Man bedient sich dabei einer feinen Schlichtfeile und probiert, ob diese die Räumnadel angreift. Auch nach dem Schleifen wird die Härte nochmals geprüft, da sie ja während des Schleifens durch unzulässige Erwärmung verringert sein kann.

Weiter ist zu prüfen, ob die Spanbrechernuten richtig gegeneinander versetzt sind, damit die Zähne beim Räumen nicht überbeansprucht werden. Für die letzten Schneidezähne, mindestens aber für die Glättzähne, fallen die Spanbrechernuten fort, da sonst Markierungen in der geräumten Bohrung entstehen.

Die Glättnadeln sind in derselben Weise zu untersuchen. Hier ist besonders auf die Feinheit und den Hochglanz der Politur Wert zu legen, da der geringste Riefen beim Räumen oder Glätten zum Fressen Veranlassung geben kann. Unter Umständen wird dann der betreffende Zahn überhaupt unbrauchbar.

Ist die Untersuchung beendet und sind die gefundenen Mängel beseitigt, so kann das Proberäumen beginnen.

44. Kontrolle durch Proberäumen. Zum Proberäumen sind einige Werkstücke erforderlich. Sind diese nicht zu erhalten oder vielleicht auch zu teuer zum Verschrotten, so werden Ersatzstücke aus Originalwerkstoff verwendet, deren Bohrung genau so vorgearbeitet sein muß wie bei den endgültigen Werkstücken.

Beim Räumen ist mit äußerster Vorsicht zu verfahren. Um die Räumnadel von vornherein nicht zu stark anzustrengen, werden zuerst die Werkstücke der kleinstzulässigen Länge geräumt. Je nach dem Ausfall des Probezuges läßt man die Länge der Werkstücke zunehmen, bis sie das höchstzulässige Maß erreicht hat.

Nur in seltenen Fällen ist die Räumnadel nach dem ersten Probezug bereits einwandfrei. Es bedarf fast immer noch mannigfacher Abänderungen, bis saubere und genaue Arbeit erzielt wird. Hier sind natürlich Sonderfirmen vermöge ihrer großen Erfahrungen zumeist in der Lage, die Fehler gleich zu erkennen und zu beseitigen. Gutes Beobachten beim Proberäumen kann die durch Nacharbeit entstehenden Kosten erheblich verringern.

Das Kalibrieren der Räumnadel erfordert Genauigkeit. Nachdem das Werkstück sowohl als auch die Nadel durch einen Riß oder Kreidestrich bezeichnet sind, räumt man das Loch und stellt durch Messen die Abweichung vom Sollmaß genau fest. Die Kalibrierzähne sind von vornherein mit geringem Übermaß herzustellen, so daß die Nacharbeit ohne große Schwierigkeiten möglich ist. Am besten arbeitet man hier mit dem Ölstein, bis das notwendige Maß erreicht ist. Die Maße der Nadel sind vor jedem Probezug festzulegen und dann mit der geräumten Bohrung zu vergleichen. Man gewinnt dadurch gute Anhaltspunkte, die auch bei der Herstellung anderer Nadeln sinngemäß verwendet werden können.

IV. Sondererfahrungen mit Räumnadeln.

A. Fehler beim Räumen.

45. Unbeachtete Abstumpfung. Das Werkstück Abb. 119 ist ein verunglückter Vierkant. Räumnadeln für Vierkante mit abgerundeten Ecken werden so ausgeführt, daß sie Spanzunahme nur in den Ecken haben (s. Abb. 44). Der Vorgang beim Verlaufen der Nadel mag folgender gewesen sein: die ersten Zähne sind durchgelaufen, als aus einem nicht ersichtlichen Grund eine Verschiebung des Profils in Richtung des Pfeils 1 beginnt. Nachdem die Räumnadel noch um einige Zähne weiter gelaufen ist, macht sich auch eine Verschiebung in Richtung des Pfeils 2 bemerkbar, die jedoch bald, zusammen mit der ersten Verschiebung, aufhört, so daß die Räumnadel in dieser verschobenen Stellung das Profil fertigräumt. Was kann nun die Ursache dieses Mißerfolges sein? Da die Räumnadel durch Drehen und Schleifen geformt ist,

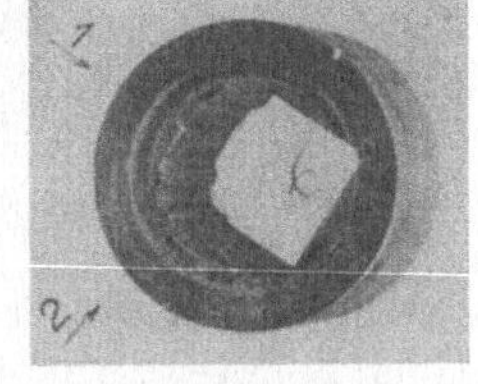

Abb. 119. Versetztes Vierkantloch.

die Schneidenwinkel also alle gleich sind, kommen hier Mängel nicht in Betracht. Allem Anschein nach sind die Zähne auf den entsprechenden Seiten der Nadel stumpf gewesen, denn nur so läßt sich dieses Abwandern erklären. Man kann leicht durch Befühlen der einzelnen Schneiden mit den Fingerspitzen feststellen, ob die entsprechenden Zähne scharf oder stumpf sind. Nacharbeit mittels Ölstein kann den Fehler beseitigen.

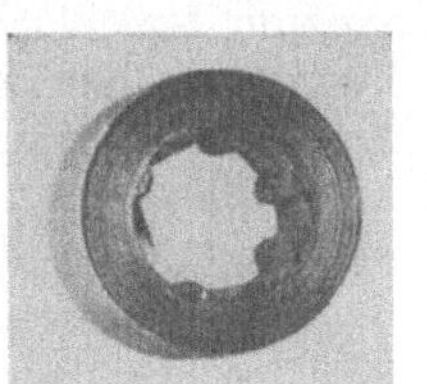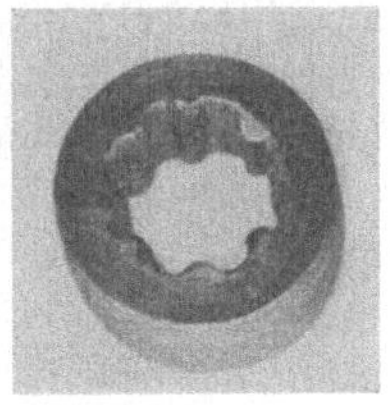

a   b

Abb. 120 a u. b. Ein- und Auslaufseite.

46. Konstruktionsfehler. Der Mißerfolg der Abb. 120a u. b läßt sich dagegen auf einen Konstruktionsfehler der Räumnadel zurückführen. Abb. 120a zeigt die Einlaufseite, Abb. 120b die Auslaufseite einer Stahlbüchse mit Innenverzahnung. Es ist, besonders an der Auslaufseite, zu sehen, wie der Werkstoff zerdrückt ist, so daß er an beiden Seiten des Loches hervortrat. Dieser Fehler hat seine Ursache in schlechtem Spanabfluß, woraus erhellt, wie richtig es ist, daß die abgehobenen Späne so schnell wie möglich von der Schneide abgeführt werden. Das wurde hier durch einen Denkfehler bei der Konstruktion der Nadel verhindert: anstatt die Nadel die Lücken nach *B* (Abb. 121) ausarbeiten zu lassen, hat man nach *A* zu räumen versucht.

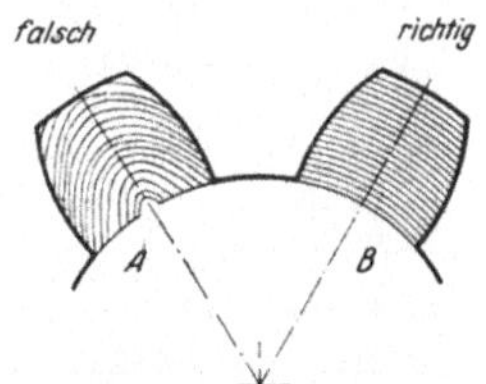

Abb. 121. Spanzunahme.

Die Späne der Zahnflanken konnten sich nicht entwickeln, rollten vielmehr gegeneinander und verstopften die Spankammer. Da immer neuer Werkstoff hinzufloß, für Abfuhr aber nicht gesorgt wurde, preßten sich die Späne, und zwar so stark, daß die Wandung der Stahlbüchse beiseite gedrückt wurde und am Ein- und Auslauf herausquoll. Es kann hiernach als Regel gelten, daß die Steigung der Nadel nur radial zu nehmen ist.

47. Bedienungsfragen. Die Räumnadelarbeiten werden meist von angelernten Leuten ausgeführt. Wenn auch die nötigen Handgriffe keine schwierigen Überlegungen verlangen, so darf doch nicht gedankenlos gearbeitet werden. Daß sonst Beschädigungen der Räumnadel vorkommen können, soll an Abb. 122 gezeigt werden. In die abgebildete Hülse soll mit zwei Räumnadeln ein Vierkant eingeräumt werden. Die Hülsen werden in größeren Reihen hergestellt und alle erst mit einer, dann mit der anderen Nadel bearbeitet. Aus irgendeinem Grunde kam die abgebildete Hülse nach dem ersten Arbeitsgang wieder zu dem Stapel der ungeräumten Werkstücke und wurde später nochmals mit der ersten Nadel bearbeitet. Zufällig hatte der bedienende Arbeiter den Fehler nicht bemerkt, ebenso zufällig wurde auch das Werkstück zum ersten Zug um 45° versetzt

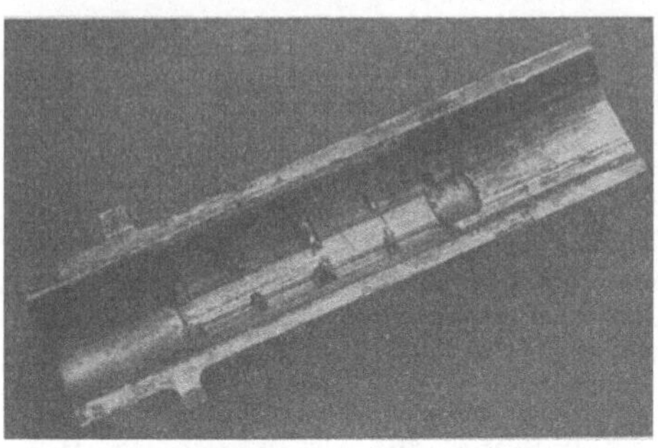

Abb. 122. Werkstück zweimal geräumt.

auf die Führung der Räumnadel gesteckt, so daß es nicht auf die Verzahnung fallen konnte. Nachdem die Räummaschine eingerückt war, räumten die Zähne genau neben den ersten Vierkantecken, so daß die Führung der Nadel in der Bohrung nach ganz kurzer Laufstrecke verlorenging und das Werkzeug abwanderte. Dabei bildeten sich auf der einen Seite sehr starke, auf der anderen Seite dagegen kaum merkliche Späne. Am Arbeitsgeräusch merkte der Arbeiter, daß etwas nicht in Ordnung war, und rückte die Maschine aus. Nachdem man die Räumnadel durch zwei Sägenschnitte von dem Werkstück befreit hatte, kam der Fehler zutage. Es ist aus der Abbildung deutlich zu ersehen, wie sich auf der einen Seite schwache, auf der anderen sehr starke Späne bildeten.

Durch Unachtsamkeit war die Nadel sehr stark in Gefahr geraten, sie wäre beim Weiterlaufen zerbrochen. Als geringste Forderung kann gelten, daß der bedienende Arbeiter vorm Zusammenstecken von Werkstück und Nadel die Bohrung ansieht, denn auch in ihr verbliebene Späne können zu Störungen Anlaß geben.

48. Werkstoffwechsel. In der Reihenherstellung kommt es öfters vor, daß Ersatzwerkstoff ausgegeben wird, weil der vorgeschriebene nicht mehr auf Lager ist oder nicht ausreicht. Werkstoffwechsel gefährdet die Räumnadel, denn wenn auch der Ersatzwerkstoff die gleiche Zerreißfestigkeit hat, so ist doch fast immer mit anderen Dehnungszahlen zu rechnen. Diese aber sind hauptsächlich maßgebend für die Bestimmung der Schneidenwinkel. Abb. 123 zeigt einen Fehler, der auf ungleichmäßiges Material zurückzuführen ist. Hier handelt es sich um eine „weiche" Stelle im Werkstoff (Stahl von $40\cdots50\ \mathrm{kg/mm^2}$ Festigkeit und 32% Dehnung). Nachdem eine große Menge dieser Werkstücke geräumt war, zeigte sich an dem abgebildeten

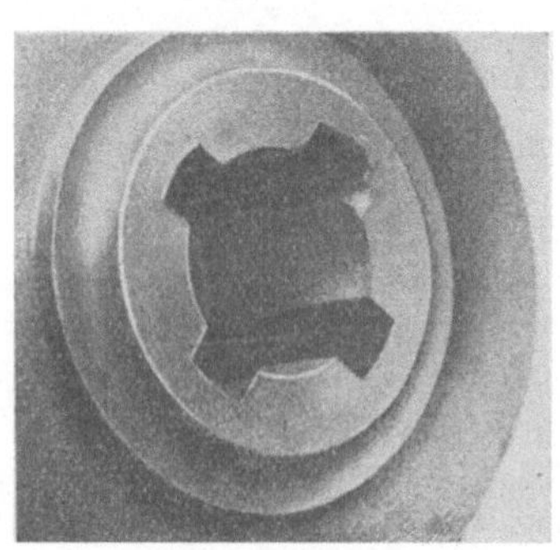

Abb. 123. Werkstoffehler.

Werkstück die Abquetschung des Werkstoffes. Die Räumnadel lief zwar durch, aber das Arbeitsstück war Ausschuß. Die anfängliche Annahme, daß die Nadel stumpf sei, erwies sich als unrichtig. Durch Kugeldruckprobe konnte der oben angeführte Werkstoffehler festgestellt werden. Die weiche Stelle des Werkstückes hätte größeren Spanwinkel der Schneidezähne erfordert, damit die Späne rollen konnten, wie vorgesehen war. Der Vorgang beim Räumen wird ungefähr folgender gewesen sein: da der Werkstoff an der weichen Stelle nicht in einer Locke, sondern infolge des für diese Stelle falschen Spanwinkels in Brocken zerspant wurde, verstopften diese die Spankammern und drückten auf den betreffenden Zahn. Weiter hinzukommende Späne erzeugten zuletzt so starken Druck, daß der Zahn um einen ganz geringen Betrag zurückgebogen wurde, die Spanstärke also noch zunehmen mußte, wodurch wiederum größere Spanmengen zugeführt wurden, die von der Spankammer nicht aufgenommen werden konnten. Da natürlich jede weitere Spanzufuhr die auf den Zahn und die Wandung drückenden Kräfte vergrößerte, mußte schließlich der Werkstoff nachgeben und mitgehen, wobei die aus Abb. 123 zu ersehenden Spuren zurückblieben.

Die Räumnadel für das Werkstück Abb. 124 und 125 hatte ungefähr denselben Fehler wie die zu Abb. 120 a und b beschriebene. Auch hier ist infolge eines

Konstruktionsfehlers der Nadel der Werkstoff herausgerissen und beiseitegequetscht worden. Abb. 124 zeigt

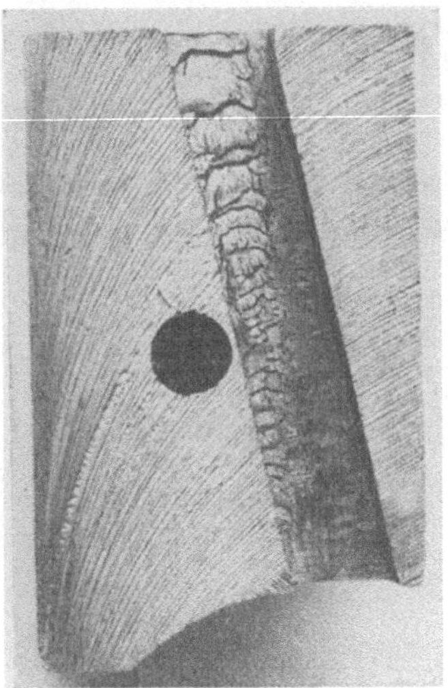

Abb. 124. Auslaufseite.   Abb. 125. Sägenschnitt durch die Bohrung.

die Auslaufseite in Ansicht, Abb. 125 einen Sägenschnitt durch die beschädigte Bohrung. Es ist deutlich zu erkennen, daß die Räumnadel anfangs, solange die Späne wenig gehindert abfließen konnten, gut arbeitete, bis eine Verstopfung eintrat, die den Werkstoff in immer größer werdenden Stücken herausriß. Die Nadel war so ausgeführt, daß alle vier Seiten des Rechteckes zugleich schnitten, die Späne also allseitig abgenommen wurden. Die Verzahnung hätte hier so ausgeführt werden müssen, daß z. B. alle Zähne mit geraden Zahlen an der kurzen, alle Zähne mit ungeraden Zahlen dagegen an der langen Rechteckseite Spanzunahme hatten, wie aus Abb. 46 zu erkennen ist.

49. Hängenbleiben der Räumnadel. Bei den bisher besprochenen Werkstücken konnte die Räumnadel immer noch durchgezogen werden. Für die Nadel gefährlicher aber sind die Fälle, in denen die Maschine wegen des gesteigerten Wider-

standes nicht mehr in der Lage ist, den Arbeitsgang fertigzuziehen, also hängen-
bleibt. Ist sie stark genug, die Zerspanungskraft doch zu überwinden, so ist die
Nadel unmittelbar in Gefahr und wird möglicherweise zerrissen. Die Fälle, bei
denen das Werkstück auf der Nadel sitzenbleibt, sind mit besonderer Vorsicht
zu behandeln. Vor allen Dingen ist das Aufstoßen der Nadel zu vermeiden, denn
die hierdurch vergrößerte Spannung kann gerade genügen, den Bruch herbeizu-
führen. Man schneide vielmehr das Werkstück mittels Sägeblatt auf einer Fräs-

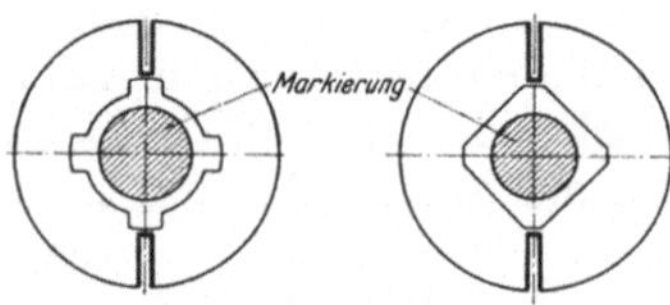

Abb. 126. Sägenschnitte.

maschine auf, und zwar so, daß die getrennten
Teile unter Berücksichtigung der noch hängenden
Spanrollen abgenommen werden können. In den
meisten Fällen ist dies durch zwei Sägenschnitte
wie in Abb. 126 möglich. Hierzu wird das Werkstück im Schraubstock festgespannt und so ausgerichtet, daß die Zahnschneiden genau waagrecht
liegen. Beim Durchsägen ist zu beachten, daß das Sägeblatt den Werkstoff nicht
ganz durchtrennt: man läßt vielmehr noch einige zehntel Millimeter über den
Zahnspitzen stehen, so daß diese nicht beschädigt werden können. Sind beide Seiten
des Werkstückes eingesägt, dann treibt man einen keilartigen Gegenstand, etwa
einen Meißel oder Schraubenzieher, in den Sägenschlitz, so daß die kleine Sicher-
heitsbrücke zerrissen wird. Hiernach läßt sich das Werkstück meist anstandslos
abnehmen. Man vergesse nicht, die Stellung der Nadel zum Werkstück vorher,
etwa durch Kreidestrich, zu bezeichnen, denn dieses ist zum leichteren Auffinden
des Fehlers sehr vorteilhaft.

Ein verunglücktes, durch Aufsägen von der Räumnadel befreites Werkstück
ist in den Abb. 127 und 128 gezeigt. Diese Kegelradrohlinge werden mit Spiral-

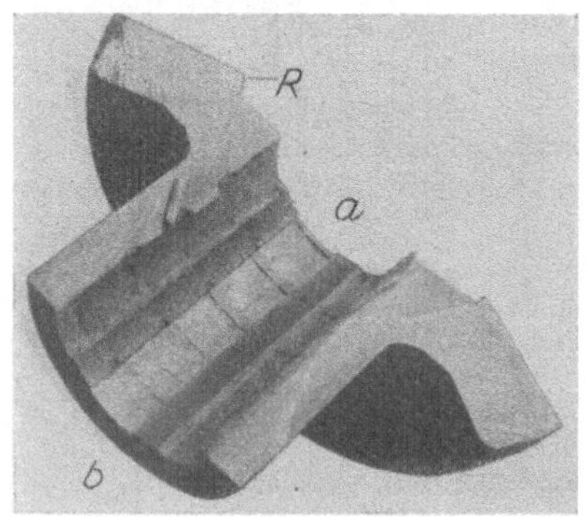

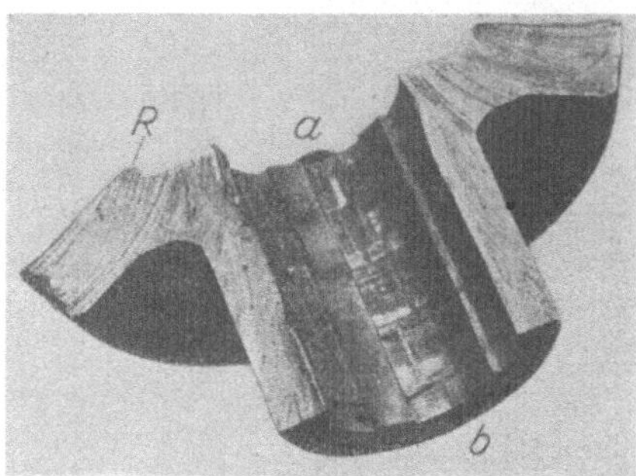

Abb. 127 u. 128. Räumfehler, hervorgerufen durch schiefe Anlagefläche.

bohrer vorgebohrt und dann auf der Drehbank innen auf Schleifmaß bearbeitet.
Hier wird auch der mit R bezeichnete Rand gedreht, als zur Bohrung senkrecht
stehende Fläche. Aus Unachtsamkeit des Drehers wurde bei dem einen Rad die
Bearbeitung des Randes vergessen und der Fehler beim Räumen nicht weiter
beachtet. Durch die schräge Anlagefläche wurde die Nadel abgebogen und schief
in das Loch hineingezogen. Je weiter sie in das Werkstück hineinging, um so
mehr bog sie sich durch und erzeugte auf der einen Seite des Loches einen sehr
starken Span, und ebenso auf der anderen Seite, am gegenüberliegenden Umfang.
Die Maschine blieb stehen, die Räumnadel saß fest. Nun darf man in solchen
Fällen nicht etwa die Maschine rückwärts in Gang setzen, um dadurch gewisser-

maßen einen Anlaufweg für das nochmalige Anziehen zu haben, denn dann gibt es bestimmt Bruch. Man nehme vielmehr die Nadel mit dem festsitzenden Werkstück heraus und verfahre wie oben. Aus Abb. 128 ist deutlich zu ersehen, daß bei *b* ein übermäßig starker, bei *a* dagegen kaum merklicher Span angesetzt hat. Die andere Hälfte des Kegelrades (Abb. 127) läßt gerade umgekehrten Spanansatz, nämlich bei *a* starken und bei *b* schwachen erkennen. Die Nadel war natürlich nach diesem verunglückten Gang krumm, so daß nicht weiter geräumt werden konnte. Eine verzogene Räumnadel auszurichten, will verstanden sein. Man überläßt das Richten besser der Lieferfirma, denn diese hat die notwendigen Erfahrungen.

Abb. 129. Fehler: stumpfer Zahn.

Die Schlußfolgerung aus diesem Beispiel ist: man untersuche die Werkstücke vor dem Räumen auf ihre Vorbearbeitung. Hierzu gehört auch, daß man bei ausgesparten Bohrungen prüft, ob die Aussparung wirklich da ist. Denn die Räumnadeln werden meist so konstruiert, daß die Spankammern den hierbei in zwei Locken abgehobenen Span wohl aufnehmen können, daß aber die eine Locke, die sich ohne Aussparung bildet, Schwierigkeiten hervorrufen kann (s. auch Abb. 59).

In das Schraubenrad Abb. 129 wird die Keilnute mit Nutenziehmesser eingeräumt. Zu diesem Zweck wird das Rad auf einen Dorn genommen, der eine Führungsnute für die Räumnadel hat. Die Nadel hatte nun bei diesem Werkstück einen im Laufe der Arbeit stumpf gewordenen Zahn, der den Werkstoff anders zerspante als vorgesehen. Hierdurch verstopfte sich die Spankammer, und die weiter zufließende Spanmenge verursachte ein Abbiegen des Zahnes, was Spanverstärkung bedeutet. Der zerspante Werkstoff schaffte sich mit Gewalt Platz und trat seitlich aus, so daß sich die bei *a* angedeutete Ausfressung bildete. Abb. 130 zeigt das zerschnittene Rad in der Ansicht von vorn. Hier ist deutlich zu erkennen, wie der Werkstoff seitlich ge-

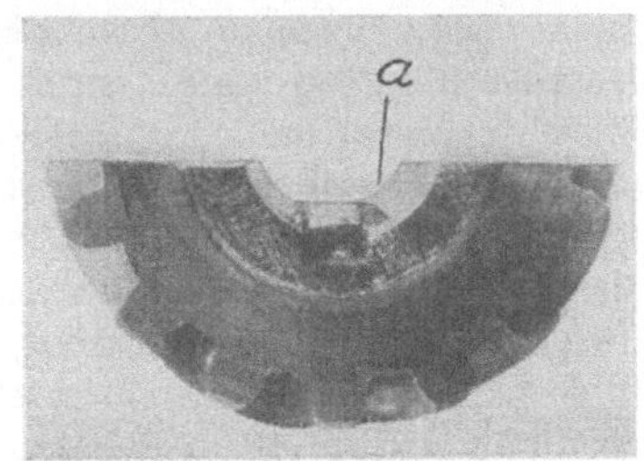

Abb. 130. Fehler: stumpfer Zahn.

drückt wurde, so daß die Maschine hängenblieb. Der als Aufnahme benutzte Dorn war natürlich an der Fehlerstelle stark beschädigt und saß im Werkstück fest. Die Prüfung der Nadel ergab, daß tatsächlich der Zahn eine bleibende Veränderung von mehreren Zehnteln erlitten hatte. In Wirklichkeit hat er also noch höher gestanden, denn auch die Tiefe des „Loches" beträgt radial gemessen rund 0,5 mm. Man soll, um die Nadel vor derartigen Beschädigungen zu schützen, öfters nachschärfen lassen.

50. Fehlerhaftes Härten. Eine ganz bedeutende Fehlerquelle ist auch das Härten der Räumnadel, von dem im Abschn. 36 die Rede war.

Abb. 131. Festsitzendes Werkstück.

Ein Fehler durch Überhitzung, die den Stahl mürbe macht, wurde an der Räumnadel Abb. 131 festgestellt. Beim Räumen riß sie plötzlich aus nicht ersichtlichem Grunde dicht hinterm Schafte ab. Die Bruchfläche ließ grobes Gefüge erkennen, eine Folge von „Verschmoren" beim Härten. Zur Beurteilung des Zusammenhanges mußte das auf der Räumnadel festsitzende Stück aufgeschnitten

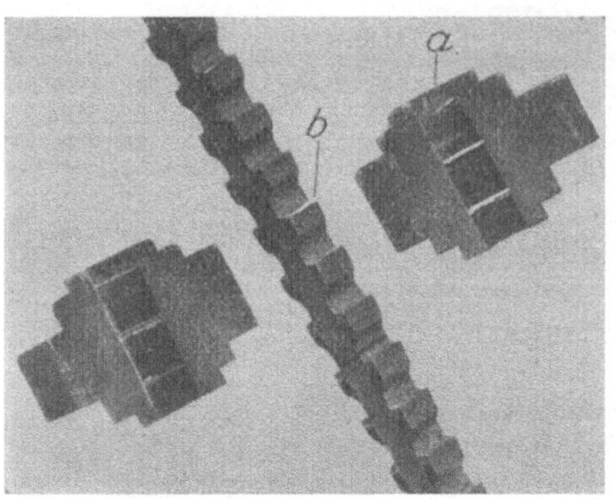

Abb. 132. Räumnadelzähne verbrannt.

werden. Der Zahn b (Abb. 132) war wie alle anderen beim Härten verbrannt und beim Räumen ausgebrochen. Dadurch war Spanbildung unmöglich, wie an dem Werkstück bei a zu erkennen ist. Die Reibung dieses Zahnes genügte aber, die ohnehin schon durch die Veränderung der Stahleigenschaften geschwächte Nadel so weit zu belasten, daß sie hinter dem Schafte riß.

51. Rattermarken. Bisweilen zeigen sich in einer geräumten Bohrung wellenartige Marken, ähnlich den bekannten Rattermarken, von denen sie sich jedoch durch die größere Entfernung zweier Wellen unterscheiden. Fühlt man die Bohrung mit den Fingerspitzen ab, so bemerkt man die flachen Erhöhungen und Vertiefungen kaum; meist sind sie so gering, daß sie nur bei auffallendem Licht gesehen werden können. Da die wellenartige Erscheinung nur bei einzelnen Werkstücken auftritt, ein Konstruktionsfehler der Nadel, etwa gleiche Teilung der Zähne, nicht vorliegt, so muß der Fehler am Werkstück selbst zu suchen sein. Kontrolliert man die Stellung der Bohrung zur Anlagefläche, so bemerkt man meist ganz geringe Abweichungen vom rechten Winkel. Ist eine solche nicht festzustellen, so kann man bestimmt annehmen, daß ein Spänchen zwischen Maschinenkopf und Anlagefläche gelegen und Schiefstellen verursacht hat. Die geringe Abweichung vom rechten Winkel genügte, um die Wellen hervorzurufen (größere Schrägstellung ergibt andere, bereits beschriebene Fehler). Wie läßt sich ihre Erscheinung erklären? Nun: die meist schwache Räumnadel wird durch die Bohrung hindurchgezogen, wobei sie sich der schiefen Anlagefläche zufolge schief einzustellen versucht und dabei durchgebogen wird. Da die hervorgerufene Spannung in diesem Falle das Werkstück seitlich zu verschieben sucht, dieses aber durch die Zerspanungskraft, die das Arbeitsstück an den Maschinenkopf preßt, erschwert wird, wächst die Spannung der Nadel weiter an, bis endlich die Verschiebung doch erfolgt. Die Räumnadel richtet sich also gewissermaßen selbst wieder aus. In diesem Augenblick markieren sich die Zähne in der Bohrung.

52. Federnde Zähne. Daß die Sonderfirmen heute noch immer neue Räummöglichkeiten durch Versuche zu erreichen suchen, sei besonders erwähnt und an einem Beispiel gezeigt:

Es wurde versucht, Automobilzylinder zu räumen. Um das Werkzeug leichter herstellen zu können, löste man es in Scheiben auf, die auf einen Dorn gesteckt wurden. Bei der Ausbildung der Zähne ging man von den Erfahrungen aus, die man mit Schleppmesserreibahlen gemacht hat.

Abb. 133. Messerkranz.

Bei diesen weichen bekanntlich die Messer größeren Unebenheiten in der Bohrung aus, so daß ein „weicher" Schnitt erreicht ist, der besonders saubere Löcher ergibt. Abb. 133 zeigt einen Messerkranz, und zwar mit einem absichtlich ausgebrochenen Schleppzahn, um dessen Form deutlicher zu zeigen. Man nahm nun an, daß das

Räumen ebenso vor sich gehen würde wie das Reiben. Doch es kam anders. Die Zähne federten zwar sehr gut und wichen der geringsten Unebenheit aus, schnitten aber dadurch mit ihren Ecken, so daß Längsmarken entstanden. Trotz mehrfachem Durchziehen derselben Nadel wurde ein einwandfreies Ergebnis nicht erzielt, immer wieder zeigten sich diese Spuren. Dieser Mißerfolg hatte seine Ursache in folgendem: die Schneiden sind, der Rundung des Loches entsprechend, bogenförmig, und zwar durch Rundschliff erzeugt. Wenn nun der Zahn einem Hindernis ausweicht, muß der Schneidenbogen um einen Radius gleich der Zahnhöhe schwenken, sich also nach hinten bewegen. Dadurch schneiden die Zahnecken vor und erzeugen die Spuren. Abb. 134 zeigt übertrieben dieses Vorschneiden. Auch verschiedene Abänderungen führten nicht zum gewünschten Ergebnis.

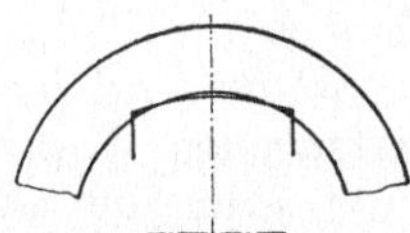

Abb. 134. Vorschneiden der Ecken.

Für das Räumen der Automobilzylinder wurden dann Räumnadeln mit festen Zähnen geschaffen, die den gestellten Anforderungen entsprachen.

B. Instandhalten von Räumnadeln.

53. Nachschleifen. Sind runde Räumnadeln stumpf, so werden die Brustseiten der Zähne (Spanflächen) auf der Rundschleifmaschine nachgeschliffen. Der Spanwinkel ist dabei genau innezuhalten. Auch müssen Absätze am Zahnfuß vermieden werden, denn sonst stoßen die Späne sich ähnlich wie in Abb. 135 und verstopfen die Spankammer. Die Abrundung am Fuße der Zähne ist mit gut abgerundeter Schleifscheibe leicht zu erhalten. Das richtige Brustschleifen ist sehr schwierig.

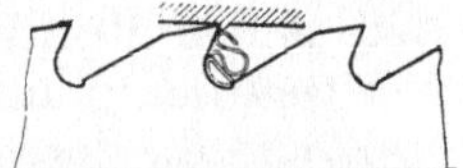

Abb. 135. Falsche Spanbildung.

Ist aus irgendeinem Grunde die Räumnadel krumm geworden, so muß sie vorsichtig gerichtet werden. Wenn der Außendurchmesser nachgeschliffen werden soll, ist auf besonders genaues Rundlaufen zu achten, sonst entstehen beim Schleifen ungleiche Fasenbreiten (Abb. 136), die beim Räumen verlaufende Löcher erzeugen, weil die breiteren Fasen größere Reibung an den Lochwänden haben als die schmalen. Deshalb verlaufen die Nadeln immer nach dieser Seite, denn die Schneide ist ja hier günstiger, schärfer und greift leicht an.

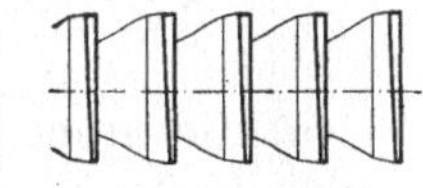

Abb. 136. Ungleiche Fasenbreite

Beim Rundschleifen wird von jedem Zahn so viel abgeschliffen, wie die Steigung von Zahn zu Zahn ausmacht. Man verschiebt also gewissermaßen die Zähne um eine Teilung rückwärts. Dadurch fällt allerdings ein Schabezahn fort, woraus sich bei der Konstruktion der Räumnadel die Forderung nach **mehreren Schabezähnen** ergibt, um dadurch längere Lebensdauer der Nadel zu erzielen.

Sind an größeren Nadeln die Schabezähne nicht mehr maßhaltig, die Werkzeuge aber sonst noch gut bzw. verwendbar, so muß man sich durch Aufsetzen neuer Zähne helfen. Dabei werden die abgenutzten Zähne nach Abb. 137 auf einer Rundschleifmaschine so abgeschliffen, daß ein Zapfen mit sehr guter Ausrundung entsteht. Das Gewinde wird aufgeschliffen, wofür natürlich eine Sondereinrichtung erforderlich ist. Die Länge des Gewindes ist so zu wählen, daß die Beanspruchung nicht zu hoch wird. Das aufzusetzende Stück erhält „Festpassung", wobei zu beachten ist, daß bei Rundnadeln eine Sicherung der beiden Teile gegen Verdrehen nicht

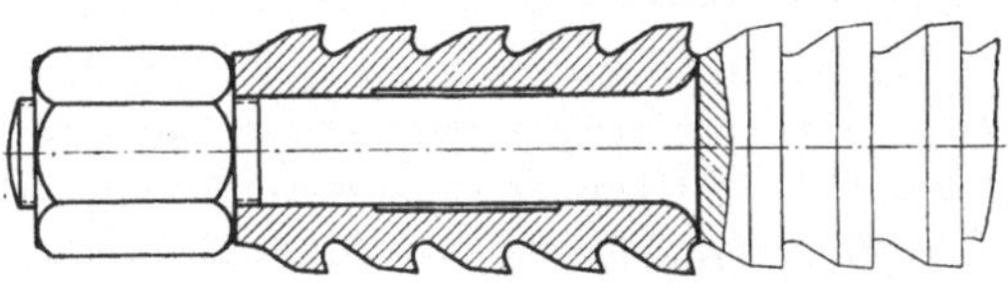

Abb. 137. Aufsetzen neuer Zähne.

notwendig ist, dagegen wohl bei Formnadeln. Eine kräftige Mutter hält die beiden Teile zusammen. Das Ersatzstück wird erst nach dem Zusammenbau außen geschliffen.

54. Behelfe bei abgenutzten Schabezähnen. Bei abgenutzten Nutennadeln können die Schabezähne etwas hochgerichtet werden, doch ist hierzu ganz besondere Vorsicht notwendig, damit die Zähne nicht abgeschlagen werden. Am besten geschieht das Hochrichten mit Durchschlag, der gegen die Zahnbrust gehalten wird, und einem Niethammer; doch sollte diese Arbeit nur einem ganz erfahrenen Werkzeugmacher anvertraut werden, denn sie erfordert viel Geschick und kann nur als letzte Rettungsmöglichkeit angesehen werden.

55. Abgebrochene und hochgedrückte Zähne. Ist ein abgebrochener Zahn zu ersetzen, so verfährt man in folgender Weise: der Zahn wird soweit wie möglich herausgeschliffen, damit er nicht mehr schneiden kann, und die nachfolgenden Zähne werden etwas „vermittelt", d. h. jeder wird um den gleichmäßig verteilten Fehlbetrag erhöht, so daß jeder Span um ein geringes stärker wird. Wenn die Spankammern diese Spanverstärkung nicht zulassen, dann muß ein Schabezahn geopfert werden, was meist das einfachere Verfahren ist. Die erstgenannte Arbeit ist von Hand auszuführen, denn der Ausgleich durch mechanische Bearbeitung erfordert genauestes Ausrichten der Räumnadel. Allerdings ist zu beachten, daß ungleiche Spanzunahme ein Verlaufen der Nadel verursacht. Wenn also auf einer Seite der Nadel ein Zahn ausgeglichen wurde, so muß auf der gegenüberliegenden Seite in derselben Weise ein Ausgleich geschaffen werden, damit die Seitendrücke sich gegenseitig aufheben.

Zähne, die durch vollsitzende Spankammern hochgedrückt wurden, sind mittels Abziehstein wieder auf richtige Höhe zu bringen. Sobald die dem beschädigten

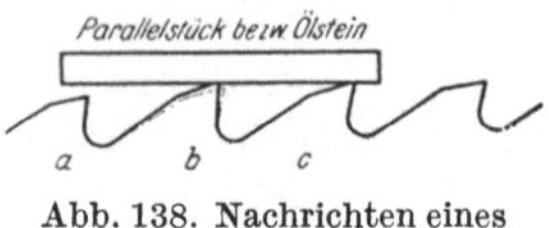

Abb. 138. Nachrichten eines Zahnes

Zahn b (Abb. 138) benachbarten Schneiden a und c am Abziehstein anliegen, hat b wieder die vorschriftsmäßige Höhe. Darauf wird durch Nacharbeit die Breite seiner Fase den anderen gleichgemacht. Der durch das Hochdrücken veränderte Brustwinkel wird ebenfalls nachgearbeitet.

56. Gerissene Räumnadeln. Schwieriger ist die Ausbesserung, wenn die Räumnadel durch Überbeanspruchung gerissen ist. Hier ist zu entscheiden, ob sich die Ausbesserung überhaupt lohnt. Die Möglichkeit der Reparatur besteht meist, jedoch ist sie teuer und auch nur an großen Nadeln durchführbar. Auch ist zu überlegen, ob nicht eines der Bruchstücke durch ein neues Stück ersetzt werden

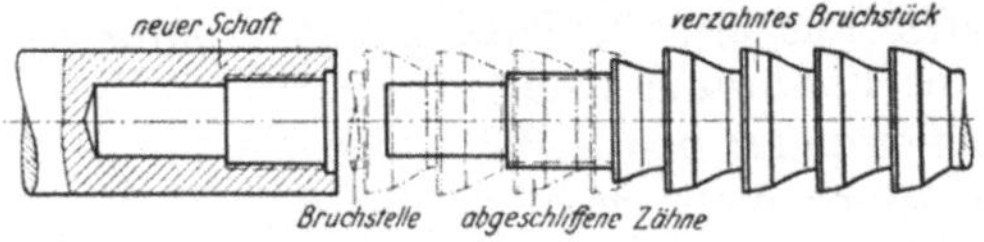

Abb. 139. Ansetzen eines neuen Schaftes.

kann, dessen Anfertigung einfacher ist. Dabei kommt es darauf an, an welcher Stelle die Nadel gerissen ist. Befindet sich die Bruchstelle hinter dem Schaft in der ersten Spangrube, so tut man gut, das Schaftbruchstück wegzuwerfen, denn das Zusammensetzen der harten Stücke würde ungleich mehr Zeit in Anspruch nehmen als die Neuanfertigung eines Schaftstückes. Dabei wird nach Abb. 139 verfahren: am verzahnten Bruchstück wird ein Gewinde mit zylindrischen Führungszapfen angeschliffen und der neue, außen nur vorgearbeitete Schaftteil wird fest aufgeschraubt und auf der genau laufenden Nadel nunmehr fertiggeschliffen. Die Steigung der Zähne muß dann natürlich durch „Vermitteln" ausgeglichen werden. Selbstverständlich sollen dann von einer derartig ausgebesserten Nadel nicht Gewaltleistungen verlangt werden; man beschränke sich hier vielmehr auf die geringstzulässige Bohrungslänge.

In derselben Weise verfährt man, wenn die letzten Zähne abgerissen sind. Dann wird an den verzahnten Teil der Zapfen angearbeitet, und das neu anzufertigende Stück mit der entsprechenden Bohrung versehen. Gegen Verdrehen sind die beiden Stücke zu sichern.

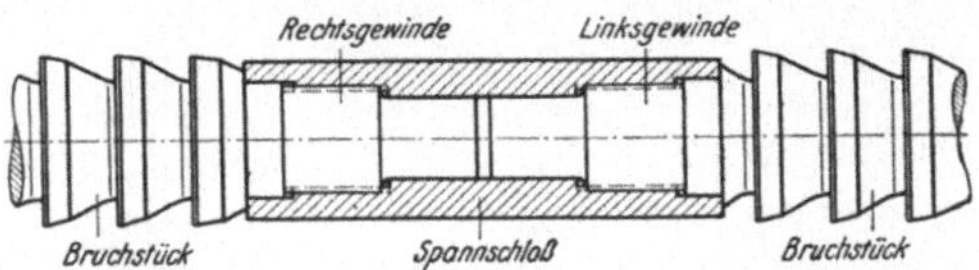

Abb. 140. Vermuffen zweier Bruchstücke.

Endlich kann die Räumnadel in der Mitte entzweibrechen, was als ungünstigster Fall angesehen werden muß. Es muß dann nach Abb. 140 ausgebessert werden, doch ist vorher zu prüfen, ob durch das „Vermitteln" die Spanstärke nicht zu groß wird.

Dünne Nadeln, bei denen die eben beschriebenen Ausbesserungen nicht ausgeführt werden können, lassen sich gegebenenfalls elektrisch schweißen, jedoch ist diese Arbeit nur dann von Erfolg, wenn der Bruch am Schaft oder an der Mitnehmerfläche liegt. Zwischen den Zähnen zerbrochene dünne Räumnadeln sind ein für allemal verloren. Jeder Ausbesserungsversuch ist zwecklos.

Ist dagegen eine Nadel am Schaft abgerissen, so schrägt man die Bruchstücke an (Abb. 141) und schweißt sie fest. Dabei müssen sie genau ausgerichtet sein, denn nach dem Schweißen führt jeder Richtschlag zu neuem Bruch.

Durch Angabe der verschiedenen Ausbesserungsmöglichkeiten soll nun keineswegs gesagt werden, daß jeder Fehler wieder auszubessern sei. Vor allem aber müssen dazu Sondervorrichtungen vorhanden sein, z.B. um die Gewinde in die harten Zapfen einzuschleifen.

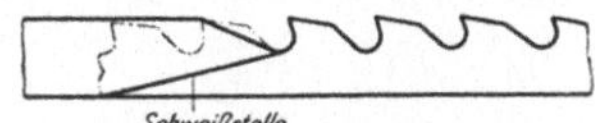

Abb. 141. Verschweißen zweier Bruchstücke.

Ist eine Räumnadel beschädigt, so versuche man gar nicht erst den Fehler selbst auszubessern, sondern überlasse sie vielmehr der Lieferfirma zur Beurteilung. Diese ist imstande, das Beste noch herauszuholen. Mit einer durch Nacharbeit bereits verdorbenen Räumnadel kann jedoch selbst eine Sonderfirma nichts anfangen.

57. Verpacken von Räumnadeln. Wie man jedoch Räumnadeln bei Einsendung an die Lieferfirma nicht verpacken soll, dafür ist in Abb. 142 ein Beispiel

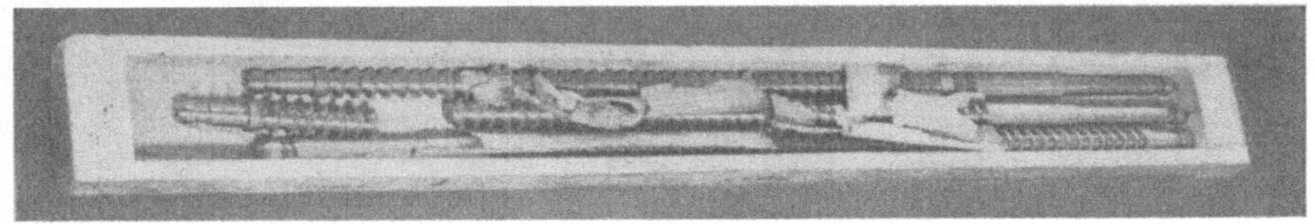

Abb. 142. Schlecht verpackte Räumnadeln.

gezeigt. Der aus drei Stück Nadeln bestehende Satz ist leichtfertig in eine Kiste gelegt. Die Nadeln waren lose in Wellpapier eingewickelt, das sich beim Versand zerscheuert hat, so daß die Schneidzähne der Nadeln gegeneinanderschlugen. Dadurch entstanden Beschädigungen, die nur schwer wieder ausgeglichen werden konnten. Richtig verpackt sind die Räumnadeln dann, wenn sie ihre Lage zueinander innerhalb der Kiste nicht verändern können. Zu diesem Zwecke nehme man eine passende Kiste und nagele Holzleisten längs hinein, so daß passende Fächer entstehen, in die die Nadeln eingelegt und nötigenfalls durch Aufnageln von Querhölzern festgelegt werden. Die Kiste und die benutzten Holzleisten müssen dabei sehr stark bemessen sein, damit das Gewicht der Nadeln nicht die Verpackung zerdrückt oder beschädigt.

Handbuch der Ziehtechnik. Planung und Ausführung. Werkstoffe, Werkzeuge und Maschinen. Von Dr.-Ing. **Walter Sellin.** Mit 371 Textabbildungen. XII, 360 Seiten. 1931. Halbleinen RM 28.65

Spanlose Formung. Schmieden, Stanzen, Pressen, Prägen, Ziehen. Bearbeitet von zahlreichen Fachgelehrten. Herausgegeben von Betriebsdirektor Dr.-Ing. **V. Litz,** Berlin. (Schriften der Arbeitsgemeinschaft Deutscher Betriebsingenieure, Band IV.) Mit 163 Textabbildungen und 4 Zahlentafeln. VI, 152 Seiten. 1926. Ganzleinen RM 11.34

Praktische Stanzerei. Ein Buch für Betrieb und Büro mit Aufgaben und Lösungen. Von Oberingenieur **Eugen Kaczmarek,** Berlin.

Erster Band: **Schneiden und Stanzen** mit den dazugehörenden Werkzeugen und Maschinen. Mit 189 Textabbildungen. VIII, 160 Seiten. 1941. RM 9.60

Handbuch der Fräserei. Kurzgefaßtes Lehr- und Nachschlagewerk für den allgemeinen Gebrauch. Gemeinverständlich bearbeitet von **Emil Jurthe** und **Otto Mietzschke,** Ingenieure. Sechste, durchgesehene und vermehrte Auflage. Mit 351 Abbildungen, 42 Tabellen und einem Anhang über Konstruktion der gebräuchlichsten Zahnformen an Stirn-, Spiralzahn-, Schnecken- und Kegelrädern. VIII, 334 Seiten. 1923. Halbleinen RM 9.90

Werkzeuge und Einrichtung der selbsttätigen Drehbänke. Von Oberingenieur **Ph. Kelle,** Berlin. Mit 348 Textabbildungen, 19 Arbeitsplänen und 8 Leistungstabellen. V, 154 Seiten. 1929. RM 13.50

Mehrspindel-Automaten. Von Dr.-Ing. **Hans H. Finkelnburg** VDI. Mit 217 Abbildungen im Text. VI, 203 Seiten. 1938. RM 18.60; Ganzleinen RM 19.80

Automaten. Die konstruktive Durchbildung, die Werkzeuge, die Arbeitsweise und der Betrieb der selbsttätigen Drehbänke. Ein Lehr- und Nachschlagebuch. Von Oberingenieur **Ph. Kelle,** Berlin. Zweite, umgearbeitete und vermehrte Auflage. Mit 823 Figuren im Text und auf 11 Tafeln, sowie 37 Arbeitsplänen und 8 Leistungstabellen. XI, 466 Seiten. 1927. Halbleinen RM 23.20

Stock, Fräserhandbuch. Bearbeitet im Versuchsfeld der R. Stock & Co., Spiral-bohrer-, Werkzeug- und Maschinenfabrik A.-G., Berlin-Marienfelde. Zweite, erweiterte Auflage. Mit 178 Abbildungen und zahlreichen Normen- und Zahlentafeln. 204 Seiten. 1940. Ganzleinen RM 5.50

Pfauter-Wälzfräsen. Des Ingenieurs Taschenbuch für die Wälzfräserei mit Pfauter-Fräserkatalog. Mit Normenblättern, Zahlentafeln und 257 Bildern. 288 Seiten. 1933. Ganzleinen RM 5.—

Fräsen. Herausgegeben aus Anlaß des 40 jährigen Bestehens des Wanderer-Fräsmaschinenbaues von Wanderer-Werke Aktiengesellschaft Siegmar-Schönau. Zweite Auflage. Mit 152 Abbildungen und einer Bildtafel. 93 Seiten. 1940. Ganzleinen RM 6.60

Betriebshandbuch für Pittler-Revolverdrehbänke. (Pittler Werkzeugmaschinenfabrik Aktiengesellschaft, Leipzig-Wahren.) Mit zahlreichen Abbildungen und Zahlentafeln. 511 Seiten. 1941. Ganzleinen RM 8.—

Handbuch des Revolverdrehers. Von **W. Heinemann.** Herausgegeben von der Gebr. Heinemann A.-G., Werkzeugmaschinenfabrik, St. Georgen, Schwarzwald. Mit zahlreichen Abbildungen und Tabellen. 60 Seiten. 1938. Kart. RM 4.80

Handbuch für Produktions- und Vielstahlbänke. Von **W. Heinemann.** Herausgegeben von der Gebr. Heinemann A.-G., Werkzeugmaschinenfabrik, St. Georgen, Schwarzwald. Mit zahlreichen Abbildungen und Tabellen. 72 Seiten. 1938. Kart. RM 4.80

Das Buch vom Spannen. Herausgegeben von der Paul Forkardt Kommanditgesellschaft, Düsseldorf. Mit 315 Abbildungen im Text und 8 Maßtafeln im Anhang. 219 Seiten. 1939. Ganzleinen RM 15.—

Der Kugeldruckversuch nach Brinell, die Härteprüfung mit Vorlast und die Härteprüfung nach Vickers. Ein Handbuch für den Betriebsmann mit Abbildungen, Prüfbeispielen und Tabellen. Bearbeitet von **Georg Reicherter jr.,** Eßlingen. Mit 109 Abbildungen und zahlreichen Tabellen. 200 Seiten. 1938. RM 4.50

Zu beziehen durch jede Buchhandlung